中欧岩土工程勘察和试验标准对比分析

余顺新　何　斌　张静波　编著

人民交通出版社股份有限公司
北　京

内 容 提 要

本书对欧洲岩土工程勘察和试验标准与中国岩土工程勘察和试验的有关规范从标准条款、勘察规划、试验要求、试验理论、试验方法等方面进行了全方位的对比分析。主要内容包括：场地勘察规划、岩土取样与地下水测量、岩土原位试验、岩土室内试验、岩土勘察报告等。

本书可供岩土工程勘察与试验的研究人员、规范编制人员、工程设计施工人员及高等院校相关专业的教师和学生参考。

图书在版编目(CIP)数据

中欧岩土工程勘察和试验标准对比分析/余顺新，何斌，张静波编著. — 北京：人民交通出版社股份有限公司，2019.12

ISBN 978-7-114-16145-2

Ⅰ.①中… Ⅱ.①余…②何…③张… Ⅲ.①岩土工程—地质勘探—技术标准—对比研究—中国、欧洲②岩土工程—工程试验—技术标准—对比研究—中国、欧洲 Ⅳ.①TU41-65

中国版本图书馆 CIP 数据核字(2019)第 295386 号

Zhong-Ou Yantu Gongcheng Kancha he Shiyan Biaozhun Duibi Fenxi

书　　名：中欧岩土工程勘察和试验标准对比分析
著 作 者：余顺新　何　斌　张静波
责任编辑：王景景　卢俊丽
责任校对：孙国靖　魏佳宁
责任印制：刘高彤
出版发行：人民交通出版社股份有限公司
地　　址：(100011)北京市朝阳区安定门外外馆斜街 3 号
网　　址：http://www.ccpress.com.cn
销售电话：(010)59757973
总 经 销：人民交通出版社股份有限公司发行部
经　　销：各地新华书店
印　　刷：北京虎彩文化传播有限公司
开　　本：880×1230　1/16
印　　张：11
字　　数：368 千
版　　次：2019 年 12 月　第 1 版
印　　次：2019 年 12 月　第 1 次印刷
书　　号：ISBN 978-7-114-16145-2
定　　价：200.00 元

前　言

Foreword

2018 年 6 月，由人民交通出版社股份有限公司主持的国家出版基金项目“土木工程欧洲规范翻译与比较研究出版工程(一期)”正式启动。该项目以欧洲结构设计标准为研究对象，包括 Eurocode 0 ~ 9、英国国家附件、法国国家附件、配套设计指南和对比研究。项目旨在便于国内相关科研院所及标准制修订者更广泛的研究借鉴，助力中国工程技术标准和设计咨询业“走出去”。

本书涉及岩土工程设计中遇到的典型问题，并解释了 EN 1997 和国内相关标准的差异，可为理解和使用 EN 1997 提供帮助与指导。

本书虽然旨在成为一份独立的文件，但为了让读者更为准确地理解欧洲结构设计标准的原意，很多情况下复述了其相应的条款，同时引用国内岩土工程设计多个标准中的相关条款，因此读者应结合相关标准阅读本书。

本书的写作方式是，首先介绍欧洲结构设计标准的相关条款，然后与对应的中国标准进行对照，针对其主要要求、基本原理、设计方法与计算公式，以及相关参数的取值方法，说明其中的差异，必要时给出评述。为符合中国和欧洲国家的表达习惯，在写作过程中，相同的概念和符号仍采用相应标准规定的术语和符号。

全书共分 6 章和 23 个附录，主要内容包括概述、场地勘察规划、岩土取样与地下水测量、岩土原位试验、岩土室内试验、岩土勘察报告等。鉴于欧洲结构设计标准大量的设计原理、计算公式以及参数取值均以附件的形式给出，为便于读者查阅，保持内容的完整性，附录内容摘自原欧洲结构设计标准附录；本书章节与欧洲结构设计标准中的章节相对应。本书除个别章节有所变动外，基本沿用了 EN 1997 章节的结构顺序。

本书在写作过程中，对中欧岩土工程勘察与试验标准的条文规定异同点进行了分析，但本书只是帮助广大读者了解欧洲结构设计标准的一份辅助材料，不应将本书作为标准或规范使用，如本书内容与国内外标准有出入，应以国内外的原标准为准。希望通过本书的研究分析为读者使用欧洲结构设计标准提供帮助，但限于作者水平，对中欧标准的研究和理解不透彻，肯定会有一些不准确和不完善之处，敬请读者不吝指教。

EN 1997 的发布是岩土工程界的一件大事，对极限状态设计方法的发展和各个国家与地区的岩土工程设计规范都有着重要的影响。EN 1997 包含了几乎所有欧洲国家最新的信息和最顶尖专家的意见。它的出现极大地促进了欧盟内部的技术交流，加速了各国从工作应力设计向极限状态设计的转化。希望本书中对欧洲标准的介绍与中欧标准对比分析能起到抛砖引玉的作用,更多的有识之士来共同关注欧洲标准及其带来的影响。

中交第二公路勘察设计研究院有限公司
余顺新　何　斌　张静波
2019 年 10 月

目　录

Contents

第1章 概述

1.1 适用范围

1.1.1 Eurocode 7 的适用范围

EN 1997 旨在与 EN 1990:2002 一起使用,该标准中确定了安全和正常使用的原则与要求,对设计和验证基础进行了说明,并给出了结构稳定性相关方面的指导原则。

EN 1997 计划应用于建(构)筑物的岩土工程方面,可细分为不同的独立部分。

EN 1997 涉及结构强度、稳定性、正常使用和耐久性的要求,未涉及其他(如隔热或隔声方面)要求。

EN 1997 针对不同类型的建筑物,给出设计中拟考虑建(构)筑物的作用数值,应按 EN 1997 规定计算地层作用,如土压力等。

各单独的欧洲结构设计标准(以下简称"欧洲标准")拟用于处理施工和工艺方面的问题,相关章节中会对这些问题进行论述。

EN 1997 中涵盖的施工是指符合设计规则的假设所必需的施工。

EN 1997 并不包括抗震设计的特殊要求。EN 1998 提供有关岩土工程抗震设计的附加规则,从而完善或调整本标准中的规则。

1.1.2 EN 1997-2 的适用范围

(1)EN 1997-2 旨在与 EN 1997-1 并用,并从以下相关方面给出 EN 1997-1 的补充规则:

①场地勘察计划和报告。

②常用室内试验和现场试验的一般要求。

③试验结果的说明和评估。

④岩土工程参数和系数值的推导。

此外,本标准中也给出了现场试验结果应用于设计的示例。

(2)本标准未给出有关地面环境勘察的特殊规定。

(3)本标准只涉及常用的岩土工程室内试验和现场试验。根据试验在岩土工程实践中的重要性、在商用岩土工程室内试验中的可行性,以及在欧洲是否存在公认的试验步骤,对上述试验进行选择。土的室内试验主要适用于饱和土。

(4)本标准的规定主要适用于 EN 1997-1:2004 中 2.1 定义的岩土工程类型 2 项目。因相关验证常常会基于地方经验,一般会对岩土工程类型 1 项目的场地勘察要求进行限制;对于岩土工程类型 3 项目,需进行的勘察数量一般不应少于岩土工程类型 2 项目所对应的勘察数量,必要时还应进行与 3 类岩土工程项目所在的环境相关的附加勘察和更多改进型试验。

(5)参数值的推导主要用于基于现场试验的桩基础和扩展基础的设计(详见 EN 1997-1:2004 中的附录 D、E、F 和 G)。

1.2 规范性引用文件

下列规范性文件包含的条款为构成本欧洲标准的条款。对于注明了日期的参考文件,对这些出版物所做的任何后续修改或修订都不适用,但鼓励本欧洲标准的协议各方对采用下列规范性文件的最新版本进行适用性调查。对于未注明日期的引用文件,适用于所涉及的规范性文件的最新版本。

EN 1990:2002　Eurocode:结构设计基础
EN 1997-1:2004　Eurocode 7:岩土工程设计　第 1 部分:一般规定
EN ISO 14688-1　岩土工程勘察和试验—土的鉴定和分类—第 1 部分:鉴定和说明
EN ISO 14688-2　岩土工程勘察和试验—土的鉴定和分类—第 2 部分:分类原则
EN ISO 14689-1　岩土工程勘察和试验—岩石的鉴定和分类—第 1 部分:鉴定和说明
EN ISO 22475-1　岩土工程勘察和试验—钻孔和开挖取样以及地下水的测量—第 1 部分:施工技术原则
EN ISO 22476-1　岩土工程勘察和试验—现场试验—第 1 部分:电测式静力触探试验(CPT)和孔压静力触探试验(CPTU)
EN ISO 22476-2　岩土工程勘察和试验—现场试验—第 2 部分:动力触探
EN ISO 22476-3　岩土工程勘察和试验—现场试验—第 3 部分:标准贯入试验
EN ISO 22476-4　岩土工程勘察和试验—现场试验—第 4 部分:梅纳旁压试验
EN ISO 22476-5　岩土工程勘察和试验—现场试验—第 5 部分:柔性膨胀计试验
EN ISO 22476-6　岩土工程勘察和试验—现场试验—第 6 部分:自钻式旁压试验
EN ISO 22476-8　岩土工程勘察和试验—现场试验—第 8 部分:完全位移式旁压试验
EN ISO 22476-9　岩土工程勘察和试验—现场试验—第 9 部分:现场十字板试验
EN ISO 22476-12　岩土工程勘察和试验—现场试验—第 12 部分:机械式静力触探试验
EN ISO 22476-13　岩土工程勘察和试验—现场试验—第 13 部分:平板载荷试验

1.3 假定

参考 EN 1990:2002 中 1.3 以及 EN 1997-1:2004 中 1.3 的规定。

本标准的规定基于下述假设:

(1)具备相关资格的人员收集、记录并阐明设计所需的资料。

(2)具备相关资格和经验的人员对相关结构进行设计。

(3)进行数据收集、设计和施工的人员保持适当的连续性且进行了良好的沟通。

1.4 原则性规定与应用性规定的区别

根据各单一条款的性质,对 EN 1997-2 中的原则性规定和应用性规定进行区分。

原则性规定包括:

(1)无替换备选内容的一般规定和定义。

(2)除特殊规定外无替换备选内容的要求和分析模型。

原则性规定在开头处标有字母 P。

应用性规定为遵守原则性规定并满足其要求的公认规则的示例。

允许使用本标准中给出的替代性应用性规定,但前提是,要证明替代规则与相关原则一致,并且在结构安全性、正常使用性能和耐久性方面应至少与使用欧洲标准时预期的性能等效。

在 EN 1997-2 中,通过将数字置于括号中以对应用性规定进行识别。

1.5 术语与定义

1.5.1 所有欧洲标准共用的术语

P EN 1990 中定义了所有欧洲标准共用的术语。

1.5.2 Eurocode 7 专用的术语

P EN 1997-1:2004 中 1.5.2 定义了 EN 1997 中的专用术语。

1.5.3 EN 1997-2 中使用的特定定义

导出值:指根据理论、相关性或经验从试验结果中推导出的岩土参数值。

扰动样本:指取样期间土体结构、含水率和/或成分发生了变化的样本。

测定值:指试验中测得的值。

天然试样:指由可用(扰动、原状、重塑)样本制成的试样。

质量等级:指在室内试验中,对土样质量的分级。

重塑样本:指土或岩石结构被完全扰动的样本。

重塑试样:指具有天然含水率的完全扰动试样。

再压实试样:指用夯锤或在所需的静应力状态下压入模具内的试样。

重制试样:指室内制备的试样。对于细粒土,先制成泥浆(大于或等于液限),然后使其固结(沉积);对于粗粒土,在干燥或潮湿的条件下浇水或淋湿并压实来制备试样,或通过固结来制备试样。

重固结试样:指排水条件下,通过静压力压进模具或槽中的试样。

样本:指通过取样技术从岩土体中采集的部分土或岩石。

试样:指用于室内试验的部分土或岩石样本。

强度指标试验:指本质上能揭示抗剪强度,但不一定能给出其代表值的试验。

膨胀:指因总应力的折减或恒定总应力状态下的吸水现象(通常)而导致的有效应力折减所引起的膨胀。

原状样本:指土的实际工程特性未发生变化的样本。

1.6 试验结果和导出值

试验结果和导出值构成 EN 1997-1:2004 中 2.4.3 所述的岩土工程结构设计中选择地层特性特征值的基础。

试验结果可为岩土工程参数的试验曲线或数值。附录 A 给出了试验结果列表,可用作试验标准的参考。

根据理论、相关性或经验从试验结果中得出岩土工程参数和/或系数的导出值。

1.7 EN 1997-1 和 EN 1997-2 之间的联系

表 1-1 所列为与岩土工程问题相关以及与 EN 1997 直接关联的 CEN 标准的总体架构。EN 1997-1 涵盖了设计部分的内容。当前标准给出有关场地勘察的规定以及拟用于确定特征值(见 EN 1997-1 的规定)的岩土工程参数或系数值所用的规定。同时,还给出扩展基础和深基础计算方法的资料性示例。EN 1997 的执行需其他标准的信息,尤其是与场地勘察和岩土工程施工相关的信息。

与 EN 1997 关联的 CEN 标准的总体框架 表 1-1

EN 1997-1
• 设计规定: —岩土工程设计的总体框架 —岩土参数的确定 —特征值和设计值 —场地勘察的一般规定 —岩土工程结构主要类型的设计规定 ——些有关操作程序的假设
EN 1997-2
• 岩土工程勘察的详细规定: —现场勘察细则 ——般试验规范 —地面特性的推导和场地的岩土工程模型 —基于原位试验和室内试验的计算方法示例
试验标准(CEN/TC 341)
• 标准如下: —钻孔、取样方法以及地下水测量 —对土和岩石进行的室内试验和现场试验 —对结构或部分结构进行的试验 —土和岩石的鉴定和分类
岩土工程操作(CEN/TC 288)
• 操作标准: —特定设计规定(资料性附录) —特定试验程序

1.8 符号和单位

在 EN 1997-2 中,如下符号适用:

拉丁字母

C_c　压缩指数

c'　与有效应力相关的黏聚力

c_{fv}　从现场十字板试验中得出的不排水抗剪强度

c_u　不排水抗剪强度

C_s　膨胀指数

c_v　固结系数

C_α　次固结系数

D_n	粒径,其确保颗粒重量的 $n\%$ 小于 D_{10}、D_{15}、D_{30}、D_{60}和 D_{85}等尺寸
E	弹性模量
E'	排水(长期)弹性模量
E_{FDT}	柔性膨胀模量
E_M	梅纳旁压模量
E_{meas}	校准过程中测得的能量
E_{oed}	侧向压缩模量
E_{PLT}	从平板载荷试验中测得的模量
E_r	能量比(= E_{meas}/ E_{theor})
E_{theor}	理论能量
E_u	不排水弹性模量
E_0	初始弹性模量
E_{50}	对应于 50% 的最大抗剪强度的弹性模量
I_A	活性指数
I_C	稠度指数
I_D	相对密度
I_{DMT}	从扁铲侧胀试验中得出的材料指数
K_{DMT}	从扁铲侧胀试验中得出的水平应力指数
I_L	液性指数
I_P	塑性指数
k_s	地基反力系数
m_v	体积压缩系数
N	SPT 试验中每贯入 30cm 所需的锤击数
N_k	CPT 的锥体系数
N_{kt}	CPTU 的锥体系数
N_{10L}	DPL 试验中每贯入 10cm 所需的锤击数
N_{10M}	DPM 试验中每贯入 10cm 所需的锤击数
N_{10H}	DPH 试验中每贯入 10cm 所需的锤击数
N_{10SA}	DPSH-A 试验中每贯入 10cm 所需的锤击数
N_{10SB}	DPSH-B 试验中每贯入 10cm 所需的锤击数
N_{20SA}	DPSH-A 试验中每贯入 20cm 所需的锤击数
N_{20SB}	DPSH-B 试验中每贯入 20cm 所需的锤击数
N_{60}	SPT 中得出的、对能量损耗进行过修正的锤击数
$(N_1)_{60}$	SPT 中得出的、对能量损耗进行过修正的,并对有效垂直上覆岩层应力取相对值的锤击数
p_{LM}	梅纳极限压力
q_c	锥头贯入阻力
q_t	针对孔隙水压力效应进行修正的锥头贯入阻力
q_u	无侧限抗压强度
w_{opt}	最优含水率

希腊字母

α	E_{oed}和 q_c的相关系数
φ	内摩擦角

φ'　　有效内摩擦角
μ　　用于从 c_{fv} 中推导出 c_u 的修正系数
$\rho_{d;max}$　　最大干密度
σ_C　　岩石的无侧限抗压强度
σ'_P　　有效先期固结压力
σ_T　　岩石的抗拉强度
σ_{v0}　　初始竖向总应力
σ'_{v0}　　初始竖向有效应力
ν　　泊松比

缩写词

CPT　　静力触探试验
CPTU　　孔压静力触探试验
DMT　　扁铲侧胀试验
DP　　动力触探
DPL　　轻型动力触探
DPM　　中型动力触探
DPH　　重型动力触探
DPSH-A　　A 类超重型动力触探
DPSH-B　　B 类超重型动力触探
FDP　　全位移旁压仪
FDT　　柔性膨胀试验
FVT　　现场十字板试验
MPM　　梅纳旁压仪
PBP　　预钻式旁压仪
PLT　　平板载荷试验
PMT　　旁压试验
RDT　　岩石膨胀试验
SBP　　自钻式旁压仪
SDT　　土的膨胀试验
SPT　　标准贯入试验
WST　　重力探测试验

对于岩土工程计算,建议使用如下单位:

力	kN
力矩	kN · m
密度	kg/m^3
重度	kN/m^3
应力、压力、强度和刚度	kPa
渗透系数	m/s
固结系数	m^2/s

1.9　本次比较涉及的中国标准

(1)《铁路工程地质勘察规范》(TB 10012—2019)

(2)《建筑抗震设计规范》(GB 50011—2010)(2016 年版)
(3)《岩土工程勘察规范》(GB 50021—2001)(2009 年版)
(4)《公路工程地质勘察规范》(JTG C20—2011)
(5)《水利水电工程地质勘察规范》(GB 50487—2008)
(6)《建筑工程地质勘探与取样技术规程》(JGJ/T 87—2012)
(7)《工程地质手册》(第五版)
(8)《铁路工程地质原位测试规程》(TB 10018—2018)
(9)《建筑地基基础设计规范》(GB 50007—2011)
(10)《建筑桩基技术规范》(JGJ 94—2008)
(11)《土工试验方法标准》(GB/T 50123—2019)
(12)《岩土工程仪器基本参数及通用技术条件》(GB/T 15406—2007)
(13)《工程岩体试验方法标准》(GB/T 50266—2013)
(14)《公路土工试验规程》(JTG E40—2007)
(15)《公路工程岩石试验规程》(JTG E41—2005)

第2章

场地勘察规划

2.1 目的

2.1.1 一般规定

EN 1997-2 规定：

(1)岩土工程勘察应确保在不同项目阶段有相关岩土工程信息和数据可用。应掌握足够的岩土工程信息，以控制已确认和预计的项目风险。在项目施工期间和竣工阶段，应提供涵盖事故、延期和失稳的信息和数据。

(2)岩土工程勘察旨在确定土体、岩体和地下水状态，确定土和岩石的特性并收集更多有关场地的信息。

(3)应仔细收集、记录并阐释岩土工程信息，此信息应包括相关的地面条件、地质条件、地貌特征、地震活动和水文地质条件；应考虑地面变化指标。

(4)勘察中，应尽早确定可能影响岩土工程类别选择的场地条件。

(5)岩土工程勘察应包括场地勘察以及其他勘测。例如：①对既有建筑(如房屋、桥梁、隧道、路堤和边坡)的评估；②场地及其周边的开发历史。

(6)在设计勘察方案前，应在理论研究阶段对可用信息和文件进行评估。

(7)可用的信息和文件包括：

①地形图。

②说明场地用途的旧城市地图。

③地质图及说明。

④工程地质图。

⑤水文地质图及说明。

⑥岩土工程图。

⑦航拍照片以及先前照片判读。

⑧航空物探。

⑨在场地和周围环境中进行的先前勘测。

⑩该地区先前的经验。

⑪当地气候条件。

(8)根据情况，场地勘察应包括现场勘察、室内试验、理论研究以及控制和监测。

(9)拟定勘察方案前，应对场地进行目视检查，记录勘察结果并与理论研究阶段收集的信息进行交叉检验。

(10)得出结果后,应对场地勘察方案进行复审,以便对初始假设进行检验。特别是:①如果认为有必要准确了解场地的复杂性和变异性,则应增加勘探点的数量;②应对得出的参数进行核对,是否适合土体或岩体的一般特性;如有必要,应进行附加试验;③应考虑EN 1997-1:2004 中3.4.3(1)给出参数的各种限值。

(11)应特别注意先前使用的场地,在此类场地上,可能出现过天然地面条件扰动现象。

(12)试验室、现场以及工程办公室内应建立质量保证体系,并且应对所有阶段的勘察和评估进行质量控制。

EN 1997-2 中2.1.1(1)和(2)规定工程地质勘察的一般原则是,应确保不同阶段有相关岩土工程信息与数据可用,其目的是确定土体、岩体和地下水状态,确定土体与岩体的特性并收集更多的场地相关信息。这与中国工程地质勘察的目标原则完全一致,但是目前 GB 50021—2001 没有对应的条款。EN 1997-2 中2.1.1(3)和(4)为对工程地质勘察的基本要求,(5)~(8)规定岩土工程勘察的主要内容与基本方法,(9)~(12)为对勘察结果的后续处理及施工质量控制的要求。整体而言,中欧标准中对于岩土工程勘察的目标、技术要求、主要内容及工作方法以及质量控制等的要求基本一致。以上部分相当于 TB 10012—2019 中勘察大纲的编制等方面的内容。

2.1.2 场地

EN 1997-2 对场地的勘察要求:

(1)场地勘察应说明与拟建工程相关的场地条件,并确定用以评估所有施工阶段的岩土工程参数的基础。

(2)若可能,获取的信息应能够对下述方面进行评估:

①场地相对于拟建结构的适合性以及可接受的风险级别。

②因结构或施工引起的地面变形,其空间分布及随时间变化的性能。

③相对于极限状态(如沉降、冻胀、隆起、土体和岩体的滑移、桩的屈曲等)的安全性。

④从地面传递到结构的荷载(如桩承受的侧压力)。

⑤地基处理方法(如地面改良、是否可开挖地面、桩的沉降能力、排水装置)。

⑥基础工程施工顺序。

⑦结构及其用途对周围环境的影响。

⑧所需的各种附加结构措施(如挖方支承、锚固、钻孔桩套管、障碍物的消除)。

⑨施工过程对周围环境的影响。

⑩场地及其周边地区地面污染类型和污染程度。

⑪为抑制或消除污染所采取的措施的有效性。

中欧标准对场地勘察的定义、范畴与工作内容有一定差异。关于以上规定,EN 1997-2 中场地勘察的内容涉及以下方面:

(1)搜集拟建工程的有关文件、工程地质和岩土工程资料以及工程场地范围的地形图。

(2)查明场地和地基的稳定性、地层结构、持力层和下卧层的工程特性、土的应力历史、地下水条件以及不良地质作用等。

(3)提供满足设计、施工所需的岩土参数,确定地基承载力,预测地基变形性状。

(4)提出地基基础、基坑支护、工程降水和地基处理设计与施工方案的建议。

(5)提出对建筑物有影响的不良地质作用的防治方案建议。

(6)对于抗震设防烈度大于或等于6度的场地,进行场地与地基的地震效应评价。

(7)季节性冻土地区,应调查场地土的标准冻结深度。

(8)判定水和土对建筑材料的腐蚀性。

(9)场地及其周边地区地面污染类型和污染程度。

(10)为抑制或消除污染所采取的措施的有效性等。

以上内容几乎涵盖工程地质勘察的绝大部分内容。

而中国标准关于场地勘察方面的内容除上述欧洲标准规定的工作范围之外,还主要涉及场地的抗震特性与地质灾害调查。比如 GB 50011—2010 中 4.1.9 规定:场地岩土工程勘察,应根据实际需要划分为对建筑有利、一般、不利和危险的地段,提供建筑的场地类别和岩土地震稳定性(含滑坡、崩塌、液化和震陷特性)评价,对需要采用时程分析法补充计算的建筑,还应根据设计要求提供地层剖面、场地覆盖层厚度和有关的动力参数[参见 JTG C20—2011 及《工程地质手册》(第五版)(中国建筑工业出版社)]。对于新建、改扩建建筑需进行地质灾害调查及评价。

2.1.3 建筑材料

EN 1997-2 对建筑材料的勘察要求:

(1)对用作建筑材料的土体和岩体所进行的岩土工程勘察应说明拟用材料并确定材料的相关参数。

(2)所获得的信息应能够对如下方面进行评估:

①预期用途的适用性。

②沉降程度。

③是否可提取并加工材料,不合适的材料是否以及如何分离和处理。

④用于改良土体和岩体的预期方法。

⑤施工期间土体和岩体的可加工性,以及运输、堆放和进一步处理过程中土体和岩体可能发生的性能变化。

⑥施工车辆和重荷载对场地的影响。

⑦预期降水和/或开挖方法、沉降效应、抗风化,以及对收缩、膨胀和碎裂的敏感性。

GB 50021—2001 中没有关于建筑材料勘察的内容,JTG C20—2011、GB 50487—2008 与 TB 10012—2019 中均有详细的规定。

例如,JTG C20—2011 中 5.15 对沿线筑路材料料场的勘察有如下规定:

(1)沿线筑路材料料场的初勘,应充分利用已有资料,通过访问、实际调查、勘探和试验,查明材料的类别、产地、质量、数量和开采运输条件。

(2)调查工作应遵循由近及远、逐步扩大和大小料场兼顾的原则。在以大型料场为主的同时,对工程附近质量符合要求,采运方便的中、小料场也应加以充分利用。

(3)勘察的料场,材料储量不得小于工程设计需要量的两倍。

(4)评价材料的质量:

①对各类料场,必须取代表性样品进行必要的试验,据以评价材料的质量。对各类材料成品率的估算,应通过调查、试验,力求准确;对外购天然筑路材料,应取得正式的试验成果报告。

②取样地点要求在料场内分布均匀,每一料场一般不得少于 3 ~5 处,沿探坑剖面应能控制有用层的变化。

③试验项目应根据材料类别和用途而定,其一般要求如下:

a. 桥涵工程。

石料和粗集料:抗压强度、抗冻性、坚固性、有害物质含量、筛分、针片状颗粒含量、含泥量、压碎值等试验。

细集料:颗粒分析、含泥量、有机质含量、云母含量、轻物质含量、有害物质含量、压碎值等试验。

b. 路基工程。

粗粒土：颗粒分析、含水率、液限、塑限、密度、击实等试验。

细粒土：颗粒分析、含水率、液限、塑限、密度、击实、承载比、有机质含量、易溶盐等试验。

对于特殊性土，宜区别特性，进行专项试验。

c. 路面工程。

粗集料：颗粒分析、压碎值、针片状颗粒含量、含泥量、磨耗（洛杉矶法）、吸水率、磨光值、坚固性、冲击值、软弱颗粒含量、有机质含量等试验。

细集料：颗粒分析、表观密度、含泥量、砂当量、有机质含量、坚固性、三氧化硫含量等试验。

(5) 调查料场的采运条件。

①开采条件调查内容：

a. 测绘料场的工作面的概略范围和地形。

b. 覆盖层的厚度、废弃物堆放地点。

c. 宜开采的季节及可采取的措施。

d. 机械开采的可能性。

e. 砂、砾石、卵石料场地下水位埋深、水位季节性、水位变化情况及地下水渗透性能。

f. 石料场岩层的产状、节理裂隙发育情况和软弱夹层。

g. 土料场的覆盖层和有用层的含水率随季节变化的情况，以及开采难易程度。

h. 料场的设置应注意环境保护和开采安全。

②运输条件调查内容：

a. 材料运输里程。

b. 材料运输方式。

c. 现有交通状况和需增建、改建运输专线工程的数量。

(6) 资料要求。

①说明书：对所勘察的料场，按材料类别，对其质量、数量、开采方法和运输条件进行评述，提出建议采用的料场。

②提交以下成果资料图表：

a. 沿线筑路材料料场表。

b. 沿线筑路材料供应示意图。

c. 大型料场平面图、勘探立面图、储量计算表。

d. 材料试验成果资料汇总表。

③调查与测绘、勘探、测试工作原始记录资料。

2.1.4 地下水

EN 1997-2 对地下水的勘察要求：

(1) 通过进行地下水勘察，应提供岩土工程设计和施工所需的所有与地下水相关的信息。

(2) 地下水勘察应适时提供如下信息：①地面中含水地层的深度、厚度、范围和渗透性，以及岩石中的节理体系；②含水层的地下水面或测压水面的高度、含水层随时间的变化以及包括可能极限水位及其重现期的实际地下水位；③孔隙水压力分布；④地下水的化学成分和温度。

(3) 若相关，得出的信息应足够用于对如下方面进行评估：①地下降水工程的范围和性质；②地下水可能对挖方或边坡产生的有害影响（如水压破坏风险、渗透压力过大或渗透侵蚀）；③为保护结构而采取的各种必要措施（如防水、排水和应对侵蚀水的措施）；④降水、除湿、蓄水等对周围环境造成的影响；⑤地面对工程施工期间注入的水的吸收能力；⑥化学成分给定的情况下，是否可基于施工目的使用局部地下水。

中国标准也有类似的规定与要求，如 GB 50021—2001 第 7 章关于地下水的勘察有如下规定：

(1)地下水的勘察要求。

岩土工程勘察应根据工程要求，通过收集资料和勘察工作，掌握下列水文地质条件：①地下水的类型和赋存状态；②主要含水层的分布规律；③区域性气候资料，如年降水量、蒸发量及其变化和对地下水位的影响；④地下水的补给排泄条件、地表水与地下水的补排关系及其对地下水位的影响；⑤勘察时的地下水位、历史最高地下水位、近 3～5 年最高地下水位、水位变化趋势和主要影响因素；⑥是否存在对地下水和地表水的污染源及其可能的污染程度。

对缺乏常年地下水位监测资料的地区，在高层建筑或重大工程的初步勘察时，宜设置长期观测孔，对有关层位的地下水进行长期观测。

对高层建筑或重大工程，当水文地质条件对地基评价、基础抗浮和工程降水有重大影响时，宜进行专门的水文地质勘察。

(2)专门的水文地质勘察应符合下列要求：①查明含水层和隔水层的埋藏条件，地下水类型、流向、水位及其变化幅度，当场地有多层对工程有影响的地下水时，应分层量测地下水位，并查明互相之间的补给关系；②查明场地地质条件对地下水赋存和渗流状态的影响；必要时应设置观测孔，或在不同深度处埋设孔隙水压力计，量测压力水头随深度的变化；③通过现场试验，测定地层渗透系数等水文地质参数。

(3)水试样的采取和试验应符合下列规定：①水试样应能代表天然条件下的水质情况；②水试样的采取和试验项目应符合 GB 50021—2001 第 12 章的规定；③水试样应及时试验，清洁水放置时间不宜超过 72h，稍受污染的水不宜超过 48h，受污染的水不宜超过 12h。

(4)岩土工程勘察应评价地下水的作用和影响，并提出预防措施。

对地下水力学作用的评价应包括下列内容：

①对基础、地下结构物和挡土墙，应考虑在最不利组合情况下，地下水对结构物的上浮作用；对节理不发育的岩石和黏土且有地方经验或实测数据时，可根据经验确定；有渗流时，地下水的水头和作用宜通过渗流计算进行分析评价。

②验算边坡稳定时，应考虑地下水对边坡稳定性的不利影响。

③在地下水位下降的影响范围内，应考虑地面沉降及其对工程的影响；当地下水位回升时，应考虑可能引起的回弹和附加的浮托力。

④当墙背填土为粉砂、粉土或黏性土，验算支挡结构物的稳定时，应根据不同排水条件评价地下水压力对支挡结构物的作用。

⑤因水头压差而产生自下向上的渗流时，应评价产生潜蚀、流土、管涌的可能性。

⑥在地下水位下开挖基坑或地下工程时，应根据岩土的渗透性、地下水补给条件，分析评价降水或隔水措施的可行性及其对基坑稳定和邻近工程的影响。

对地下水的物理、化学作用的评价应包括下列内容：

①对地下水位以下的工程结构，应评价地下水对混凝土、金属材料的腐蚀性，评价方法按 GB 50021—2001 第 12 章进行。

②对软质岩石、强风化岩石、残积土、湿陷性土、膨胀岩土和盐渍岩土，应评价地下水的聚集和散失所产生的软化、崩解、湿陷、胀缩和潜蚀等有害作用。

③在冻土地区，应评价地下水对土的冻胀和融陷的影响。

对地下水采取降低水位措施时，应符合下列规定：

①施工中地下水位应保持在基坑底面以下 0.5～1.5m。

②降水过程中应采取有效措施，防止土颗粒的流失。

③防止深层承压水引起的突涌，必要时应采取措施降低基坑下的承压水头。

当需要进行工程降水时，应根据含水层渗透性和降深要求，选用适当的方法降低水位。当几种方法有互补性时，亦可组合使用。

2.2 场地勘察阶段

EN 1997-2 对勘察阶段的划分：

(1)场地勘察的组成部分和范围应基于预期的建筑物类型以及建筑物的设计，如基础类型、地基处理方法或支护结构、施工位置和深度等。

(2)选择勘察方法并定位不同勘探点时，应考虑理论研究和场地调查的结果，应在代表场地条件的土体、岩体和地下水变化的位置处进行调查。

(3)根据实际项目规划、设计和施工过程中存在的问题，通常应分阶段进行场地勘察。包括：

①针对结构定位和初步设计而进行的初步勘察。

②设计勘察。

③控制和监测。

(4)在同时进行所有勘察的情况下，应同时考虑2.3和2.4的规定。

中国岩土工程勘察相关标准关于勘察阶段的划分，各行业略有差异。例如，GB 50021—2001 中4.1.2规定建筑物的岩土工程勘察宜分阶段进行，可行性研究勘察应符合选择场址方案的要求；初步勘察应符合初步设计的要求；详细勘察应符合施工图设计的要求；场地条件复杂或有特殊要求的工程，宜进行施工勘察。GB 50011—2010 中将勘察阶段分为预可行性研究工程地质勘察、工程可行性研究工程地质勘察、初步工程地质勘察与详细工程地质勘察四个阶段。而 TB 10012—2019 则将勘察分为踏勘、初测、定测与补充定测四个阶段。

2.3 初步勘察

EN 1997-2 关于初步勘察的要求：

(1)初步勘察应确保获取足够的(相关)数据，用于：①评估场地的整体稳定性和总体适宜性；②评估场地(与备用场地对比)的适宜性；③评估结构位置布置是否合适；④评价拟建工程可能对周围环境，如邻近建筑物、结构和场地造成的影响；⑤确定取土区；⑥考虑可能的基础形式和各种场地处理措施；⑦对设计进行计划并对勘察加以控制，包括确认可能对结构性能带来重大影响的场地范围。

(2)若相关，场地初步勘察评估涉及土的如下方面：①土体或岩体类型及其层理；②地下水位或孔隙压力分布图；③土体和岩体的初始强度和变形特性；④可能出现危害建筑材料耐久性的受污染地面或地下水。

中欧岩土工程勘察标准对于初步勘察阶段的要求大致相同，如 GB 50021—2001 中4.1.4规定，初步勘察应对场地内拟建建筑地段的稳定性做出评价，并进行下列主要工作：

(1)收集拟建工程的有关文件、工程地质和岩土工程资料以及工程场地范围的地形图。

(2)初步查明地质构造、地层结构、岩土工程特性、地下水埋藏条件。

(3)查明场地不良地质作用的成因、分布、规模、发展趋势，并对场地的稳定性做出评价。

(4)对抗震设防烈度等于或大于6度的场地，应对场地和地基的地震效应做出初步评价。

(5)季节性冻土地区，应调查场地土的标准冻结深度。

(6)初步判定水和土对建筑材料的腐蚀性。

(7)高层建筑初步勘察时，应对可能采取的地基基础类型、基坑开挖与支护、工程降水方案进行初步分析评价。

2.4 设计勘察

2.4.1 现场勘察

2.4.1.1 一般规定

EN 1997-2 中 2.4.1.1 主要阐明以下几点：

(1)现场勘察内容:①为取样而进行的钻孔和/或开挖(包括竖井和导坑的探坑);②地下水测量;③现场试验。

(2)现场勘察方法:①现场试验(如 CPT、SPT、DP、WST、PMT、SDT、PLT、FVT 以及渗透试验);②为对土体或岩体进行说明而进行的土体和岩体取样以及室内试验;③为确定地下水位或孔隙压力分布图及其波动的地下水测量;④地球物理勘探(如物探剖面、探地雷达、电阻率法以及井中探测);⑤足尺试验,如为确定原型构件(如锚杆)承载能力或性能而进行的试验。

(3)制定现场勘察规划策略时,可参考表 2-1。

(4)如果预计地面遭受污染或存在有害气体,则应收集相关信息。对现场勘察进行规划时,应考虑此类信息。

中欧标准对设计阶段的勘察要求与勘测方法基本上一致,具体方法与勘探指标则因工程性质与场地特性而异。例如,GB 50021—2001 中关于房屋建筑详细勘察的基本要求如下：

①详细勘察应按单体建筑物或建筑群提出详细的岩土工程资料和设计、施工所需的岩土参数。

②对建筑地基作出岩土工程评价,并对地基类型、基础形式、地基处理、基坑支护、工程降水和不良地质作用的防治等提出建议。主要应进行下列工作：

a. 收集附有坐标和地形的建筑总平面图,场区的地面整平高程,建筑物的性质、规模、荷载、结构特点,基础形式、埋置深度,地基允许变形等资料。

b. 查明不良地质作用的类型、成因、分布范围、发展趋势和危害程度,提出整治方案的建议。

c. 查明建筑范围内岩土层的类型、深度、分布、工程特性,分析和评价地基的稳定性、均匀性和承载能力。

d. 对需进行沉降计算的建筑物,提供地基变形计算参数,预测建筑物的变形特征。

e. 查明埋藏的河道、沟滨、墓穴、防空洞、孤石等对工程不利的埋藏物。

f. 查明地下水的埋藏条件,提供地下水位及其变化幅度。

g. 在季节性冻土地区,提供场地土的标准冻结深度。

h. 判定水和土对建筑材料的腐蚀性。

③对抗震设防烈度等于或大于 6 度的场地,勘察工作应按 5.7 执行;当建筑物采用桩基础时,应按 4.9 执行;当需进行基坑开挖、支护和降水设计时,应按 4.8 执行。

④详细勘察应论证地下水在施工期间对工程和环境的影响。对情况复杂的重要工程,需论证使用期间水位变化和需提出抗浮设防水位时,应进行专门研究。

相对于中国标准,欧洲标准更明确地提出了现场试验的方法。

2.4.1.2 现场勘察方案

EN 1997-2 规定现场勘察方案应包括：

(1)包括勘察类型在内的勘探点选址计划。

(2)勘探深度。

(3)取样类型,包括取样数量和取样深度。

现场勘察方法的简化适用性概览

表 2-1

现场调查方法[a)]	可得出的结论																		
	取样						现场试验											地下水观测	
	土体			岩体			CPT 和 CPTU	旁压仪[c)]	RDT 和 FDT		SPT[d)]	DPL/DPM	DPH/DPSH	WST	FVT	DMT	PLT	开放系统	封闭系统
	A 类	B 类	C 类	A 类	B 类	C 类													
基本信息																			
土体类型	C1F1	C1F1	C2F2	—	—	—	C2F2	C3F3	—	C3F3	C2F1	C3F3	C3F3	—	—	C2F2	—	—	—
岩体类型	—	—	—	R1	R1	R2	R3[e)]	R3	R2		—	—	—	—	—	—	—	—	-
地层[b)]分布范围	C1F1	C1F1	C3F3	R1	R1	R2	C1F	R3C3F3	R3	C3F3	C2F2	C1F2	C1F2	F2	—	C2F1	—	—	—
地下水位	—	—	—	—	—	—	C2	—	—	—	—	—	—	—	—	—	—	R2C1F2	R1C1F1
孔隙水压力	—	—	—	—	—	—	C2F2	F3	—	—	—	—	—	—	—	—	—	R2C1F2	R1C1F1
岩土工程特性																			
粒径	C1F1	C1F1	—	R1	R1	R2	—	—	—	—	C2F1	—	—	—	—	—	—	—	—
含水率	C1F1	C2F1	C3F3	R1	R1	—	—	—	—	—	C2F2	—	—	—	—	—	—	—	—
阿太堡限度	F1	F1	—	—	—	—	—	—	—	—	F2	—	—	—	—	—	—	—	—
密度	C2F1	C3F3	—	R1	R1	—	C2F2	—	—	—	C2F2	C2	C2	—	—	C2F2	—	—	—
抗剪强度	C2F1	—	—	R1	—	—	C2F1	C1F1	—	—	C2F3	C2F3	C2F3	C2	F1	C2F1	R2C1F1	—	—
压缩性	C2F1	—	—	R1	—	—	C1F2	C1F1	R1	F1	C2F2	C2F2	C2F2	C2	—	C2F1	C1F1	—	—
渗透性	C2F1	—	—	R1	—	—	C3F2	F3	—	—	—	—	—	—	—	—	—	C2F3	C2F2
化学试验	C1F1	C1F1	—	R1	R1	—	—	—	—	—	C2F2	—	—	—	—	—	—	—	—

a) 见第 3 章和第 4 章的说明。
b) 水平和竖向方向。
c) 将取决于旁压仪类型。
d) 假定保存了样本。
e) 仅限软岩石

适用性：

R1 高（对于岩石） R2 中等（对于岩石） R3 低（对于岩石）
C1 高（对于粗粒土）*¦ C2 中等（对于粗粒土） C3 低（对于粗粒土）
F1 高（对于细粒土）*¦ F2 中等（对于细粒土） F3 低（对于细粒土）
—不适用

*¦ ISO 14688-1 规定的主要土类——“粗粒土”和“细粒土”。

注：根据地面状况（如土的类型、地下水条件）和计划设计，选用的调查方法会变化并可能偏离于本表。

(4)地下水测量标准。

(5)拟用设备类型。

(6)拟应用的标准。

中国标准中,GB 50021—2001 同样要求:实施现场勘察之前应制定勘察方案,方案所包含内容与上述 EN 1997-2 基本相同。

2.4.1.3 勘探点的位置和深度

EN 1997-2 要求:

(1)应基于初步勘察(随地质条件、结构尺寸和所涉及的工程问题而变化)选择勘探点的位置和深度。

(2)选择勘探点位置时,应遵守如下规定:

①勘探点的布置应确保能够评估整个场地的地层分布。

②建筑物或结构的勘探点应布置在有关形状、结构性能和预计荷载分配的临界点处(如基础区域的转角处)。

③对于线性结构,根据结构的总宽度(如填方坡脚或挖方),勘探点应布置在与中心线适当偏离的位置处。

④对于地层(包括挖方)中位于边坡和台阶之上或附近的结构,勘探点应布置在工程区域之外,这样可评估边坡或挖方的稳定性。如果安装锚固结构,应适当考虑锚具荷载传递区中可能出现的应力。

⑤勘探点的布置应确保不会对结构、施工工程或周围环境造成危害(如可能会导致地基和地下水条件的改变)。

⑥设计勘察中所考虑的区域应延伸至相邻区域内一段距离,在此距离内,预计不会给相邻区域带来有害影响。

⑦对于地下水观测点,应考虑是否可使用在场地勘察过程中安装的设备,以便在施工期间以及施工后进行持续监测。

(3)如果场地条件相对一致,或者已知场地具有足够的强度和刚度特性,则可使用更大的间距或减少勘探点数量。在任何一种情形下,应根据当地经验证明选择的合理性。

(4)如果计划在特定位置进行一种以上的勘察(如 CPT 和活塞取样),则勘探点之间应保持适当的距离。

(5)在使用组合方式(如 CPT 和钻孔的组合)进行勘察时,应在钻孔前进行静力触探。最小间距应保证静力触探孔与钻孔重合。如果首先进行钻孔,则 CPT 孔距钻孔水平距离至少 2m。

(6)勘探深度应延伸至对项目产生影响或受施工影响的所有地层中。对于地下水位以下的堤坝、堰和挖方以及涉及降水作业的地方,也应根据水文地质条件选择勘探深度。应勘探地层中的边坡和台阶,勘探深度至任意潜在滑移面以下。

中国标准与欧洲标准类似,认为勘探点的间距和深度与勘察阶段有关,如 GB 50021—2001 中规定详细勘察阶段的要求为:"详细勘察勘探点布置和勘探孔深度,应根据建筑物特性和岩土工程条件确定。对岩质地基,应根据地质构造、岩体特性、风化情况等,结合建筑物对地基的要求,按地方标准或当地经验确定;对土质地基,应符合 4.1.15 ~4.1.19 的规定。"

GB 50021—2001 中规定详细勘察勘探点的间距可按表 2-2 确定。

详细勘察勘探点的间距(m) 表 2-2

地基复杂程度等级	勘探点间距	地基复杂程度等级	勘探点间距
一级(复杂)	10 ~ 15	三级(简单)	30 ~ 50
二级(中等复杂)	15 ~ 30		

详细勘察的勘探点布置,应符合下列规定:

(1)勘探点宜按建筑物周边线和角点布置,对无特殊要求的其他建筑物可按建筑物或建筑群的范围布置。

(2)当同一建筑范围内的主要受力层或有影响的下卧层起伏较大时,应加密勘探点,查明其变化。

(3)重大设备基础应单独布置勘探点;重大的动力机器基础和高耸构筑物,勘探点不宜少于3个。

(4)勘探手段宜采用钻探与触探相配合,在复杂地质条件、湿陷性土、膨胀岩土、风化岩和残积土地区,宜布置适量探井。

(5)详细勘察的单栋高层建筑勘探点的布置,应满足对地基均匀性评价的要求,且不应少于4个;对密集的高层建筑群,勘探点可适当减少,但每栋建筑物至少应有1个控制性勘探点。

详细勘察的勘探孔深度自基础底面算起,应符合下列规定:

(1)勘探孔深度应能控制地基主要受力层,当基础底面宽度不大于5m时,勘探孔的深度对条形基础不应小于基础底面宽度的3倍,对单独柱基不应小于1.5倍,且不应小于5m。

(2)对高层建筑和需作变形验算的地基,控制性勘探孔的深度应超过地基变形计算深度;高层建筑的一般性勘探孔应达到基底下0.5~1.0倍的基础宽度,并深入稳定分布的地层。

(3)对仅有地下室的建筑或高层建筑的裙房,当不能满足抗浮设计要求,需设置抗浮桩或锚杆时,勘探孔深度应满足抗拔承载力评价的要求。

(4)当有大面积地面堆载或软弱下卧层时,应适当加大控制性勘探孔的深度。

(5)在上述规定深度内遇基岩或厚层碎石土等稳定地层时,勘探孔深度可适当调整。

详细勘察的勘探孔深度,除应符合4.1.18的要求外,尚应符合下列规定:

(1)地基变形计算深度,对中、低压缩性土可取附加压力等于上覆土层有效自重压力20%的深度;对于高压缩性土可取附加压力等于上覆土层有效自重压力10%的深度。

(2)建筑总平面内的裙房或仅有地下室部分(或当基底附加压力 $p_0 \leqslant 0$ 时)的控制性勘探孔的深度可适当减小,但应深入稳定分布地层,且根据荷载和土质条件不宜少于基底下0.5~1.0倍基础宽度。

(3)当需进行地基整体稳定性验算时,控制性勘探孔深度应根据具体条件满足验算要求。

(4)当需确定场地抗震类别而邻近无可靠的覆盖层厚度资料时,应布置波速测试孔,其深度应满足确定覆盖层厚度的要求。

(5)大型设备基础勘探孔深度不宜小于基础底面宽度的2倍。

(6)当需进行地基处理时,勘探孔的深度应满足地基处理设计与施工要求;当采用桩基时,勘探孔的深度应满足4.9的要求。

JTG C20—2011根据不同的工程特点,也详细规定了勘察间距和深度。中欧标准关于勘探点间距与勘探深度对比,见表2-3。

中欧标准关于详细勘察勘探点的间距与深度对比 表2-3

EN 1997-2		GB 50021—2001、JTG C20—2011	
地基复杂程度等级	勘探点间距	地基复杂程度等级	勘探点间距
高层建筑,网格模式; 大面积结构,网格模式; 线性结构(路、挡墙、隧道); 特殊结构(桥、烟囱),堰、坝	15~40m <60m 20~200m 2~6点/基础 25~75m	一级(复杂) 二级(中等复杂) 三级(简单)	10~15m 15~30m 30~50m

续上表

EN 1997-2		GB 50021—2001、JTG C20—2011	
工程特点	勘探点深度	工程特点	勘探点深度
对填挖方	填方 $0.8h < z_a < 1.2h$ $z_a \geqslant 6m$，h 为填方高度； 挖方 $z_a \geqslant 0.4h$ $z_a \geqslant 2m$，h 为挖方高度	深入路堑	至设计高程以下稳定地层中不小于 3m
线性结构	道路 $z_a \geqslant$ 基面下 2m 取下列两者中的大值： 沟渠 $z_a \geqslant$ 基面下 2m $z_a \geqslant 1.5b_{Ah}$，b_{Ah} 为开挖宽度	改河(沟、渠)工程	应至最大冲刷线或防护工程基底以下的稳定地层中不小于 3m
隧道与岩洞	$b_{Ab} < z_a < 2.0b_{Ab}$ b_{Ab} 为开挖宽度	隧道、岩溶和采空区	路线设计高程以下不小于 5m，采空区、岩溶、地下暗河，应至稳定底板以下不小于 8m
桩基	取下列三者中的大值： $z_a \geqslant 1.0b_g$，$z_a \geqslant 5.0m$， $z_a \geqslant 3D_F$ D_F 为桩径，b_g 为桩群基底矩形短边长	桥桩基	持力层或桩端以下不小于 3m

2.4.1.4 取样

EN 1997-2 规定，取样类别与取样数量应基于：

(1)场地勘察目的。

(2)现场地质概况。

(3)岩土工程结构的复杂性。

为了进行场地鉴定和分类，应至少通过取样获取一个钻孔或探坑。应从影响结构性能的各独立近地面层中取样。

如果当地经验足以将现场试验与地面状况联系起来，从而确保对结果进行清晰的判读，则可用现场试验代替取样。

GB 50021—2001 中 4.1.20 规定，详细勘察采取土试样和进行原位测试应满足岩土工程评价规定，并符合下列要求：

(1)采取土试样和进行原位测试的勘探孔的数量，应根据地层结构、地基土的均匀性和工程特点确定，且不应少于勘探孔总数的 1/2。钻探取土试样孔的数量不应少于勘探孔总数的 1/3。

(2)每个场地每一主要土层的原状土试样或原位测试数据不应少于 6 件(组)。当采用连续记录的静力触探或动力触探为主要勘察手段时，每个场地不应少于 3 个孔。

(3)在地基主要受力层内，对厚度大于 0.5m 的夹层或透镜体，应采取土试样或进行原位测试。

(4)当土层性质不均匀时，应增加取土试样或原位测试数量。

上述要求也与欧洲标准基本一致。

2.4.1.5 地下水

EN 1997-2 规定，应按照 3.6 的规定进行地下水观测。

中欧标准对地下水的影响都很重视，勘察与测量要求基本相同(参见 GB 50021—2001 第 7 章、第 12 章)。

2.4.2 室内试验

2.4.2.1 一般规定

EN 1997-2 规定：

制定试验方案之前，应绘制预计的场地地层图，并选择与设计相关的地层，以满足各地层中试验类型和数量的要求。地层鉴定应根据岩土工程问题、岩土工程复杂性、当地地质条件以及设计所需参数而变化。

2.4.2.2 目测检查与初始地层剖面

EN 1997-2 规定：

(1)应目测检查样本和探坑，并将其与钻孔的现场记录对照，从而确定初始地层剖面。

(2)如果发现某一地层不同部分之间存在显著的特性差异，则应进一步细分初始地层剖面。

(3)条件允许时，应在进行室内试验前评估样本的质量。

2.4.2.3 试验方案

EN 1997-2 规定：

(1)制定室内试验方案时，应考虑施工类型、地面和地层类型以及设计计算所需的岩土工程参数。

(2)室内试验方案部分取决于是否存在类似的经验。应确定特定土体或岩体的类似经验的范围和性质。如果有相邻结构的现场观测结果可用，也应使用。

(3)应在相关地层的代表试样上进行试验。应使用分类试验检查样本和试样是否具有代表性。

(4)应根据项目的岩土工程特性、土类型、土变化性及计算模型考虑是否需要进行更加先进的试验或附加场地勘察。

GB 50021—2001 中 11.1 对室内试验的一般规定如下：

(1)岩土性质的室内试验项目和试验方法应符合本章的规定，其具体操作和试验仪器应符合 GB/T 50123—2019 和 GB/T 50266—2013 的规定。岩土工程评价时所选用的参数值，宜与相应的原位测试成果或原型观测反分析成果比较，经修正后确定。

(2)试验项目和试验方法，应根据工程要求和岩土性质的特点确定。当需要时应考虑岩土的原位应力场和应力历史、工程活动引起的新应力场和新边界条件，使试验条件尽可能接近实际；并应注意岩土的非均质性、非等向性和不连续性以及由此产生的岩土体与岩土试样在工程性状上的差别。

(3)对特种试验项目，应制定专门的试验方案。

(4)制备试样前，应对岩土的重要性状做肉眼鉴定和简要描述。

2.4.2.4 试验数量

EN 1997-2 规定：

(1)应根据场地的均匀性与地面和岩土工程问题类似的经验确定试样数量。

(2)为考虑问题土、受损试样以及其他因素，如情况允许，应备有附加试样。

(3)根据试验类型，应研究最少数量的试样。

(4)如果不需要优化岩土工程设计并且岩土工程设计采用保守的参数值，或者，如果适用可比经验或结合现场信息，则可减少最少试验数量。

2.4.2.5 分类试验

EN 1997-2 规定：

(1)应进行土体和岩体分类试验，以确定各地层的成分和指标特性。分类试验用样本的选择应确保试验近似均匀分布在整个区域上以及设计相关地层的整个深度内。因此，试验结果应确定出相关地层指标特性的范围。

(2)分类试验结果应用于检验勘察范围是否足够，或者是否需要进入第二勘察阶段。

(3)表 2-4 中给出了根据不同扰动程度的常规分类试验。通常，在场地勘察的所有阶段均进行常规试验。

土的分类试验　　表 2-4

参数	土的类型							
	黏质土			粉质土			砂质土、砾质土	
	试样类型			试样类型			试样类型	
	原状	扰动	重塑	原状	扰动	重塑	扰动	重塑
地质描述与土的分类	X	X	X	X	X	X	X	X
含水率	X	(X)	(X)	X	(X)	(X)	(X)	(X)
体积密度	X	(X)	—	X	(X)	—	—	—
最小和最大密度	—	—	—	(X)	(X)	(X)	X	X
阿太堡(稠度)界限	X	X	X	X	X	X	—	—
粒径分布	X	X	X	X	X	X	X	X
不排水抗剪强度	X	—	—	(X)	—	—	—	—
渗透性	X	—	—	X	(X)	(X)	(X)	(X)
灵敏度	X	—	—	—	—	—	—	—

注：1. X-正常确定；(X)-可能确定，不必具有代表性；—-不适用。
2. 对于某些类型的土，可考虑进一步的试验，如确定有机质含量、颗粒密度和活性。

2.4.2.6 样本试验

EN 1997-2 规定：

(1)应选择试验用样本，以便涵盖各相关地层的指标特性范围。

(2)对于填土或砂、砾层，可对再制试样进行试验。再制试样应近似具有与现场相同的成分、密度和含水率。

(3)表 2-5 中给出了用于测定岩土工程计算用参数的室内试验。

测定岩土工程参数的室内试验　　表 2-5

岩土工程参数	土的类型					
	砾质土	砂质土	粉质土	正常固结黏土	超固结黏土	泥炭有机质黏土
侧向压缩模量(E_{oed})；压缩指数(C_c)(一维压缩指数)	(OED) (TX)	(OED) (TX)	(OED) (TX)	(OED) (TX)	(OED) (TX)	(OED) (TX)
弹性模量(E)；剪切模量(G)	TX	TX	TX	TX	TX	TX
排水(有效)抗剪强度(c'、φ')	TX SB	TX SB	TX SB	TX SB	TX SB	TX SB
残余抗剪强度(c'_R、φ'_R)	RS (SB)	RS (SB)	RS (SB)	RS (SB)	RS (SB)	RS (SB)

续上表

岩土工程参数	土的类型					
	砾质土	砂质土	粉质土	正常固结黏土	超固结黏土	泥炭有机质黏土
不排水抗剪强度(c_u)	—	—	TX DSS SIT	TX DSS (SB) SIT	TX DSS (SB) SIT	TX DSS (SB) SIT
体积密度(ρ)	BDD	BDD	BDD	BDD	BDD	BDD
固结系数(c_v)			OED TX	OED TX	OED TX	OED TX
渗透性(k)	TXCH PSA	TXCH PSA	PTC TXCH (PTF)	TXCH (PTF) (OED)	TXCH (PTF) (OED)	TXCH (PTF) (OED)

注:—- 不适用;( )-仅部分适用:详见第 5 章的规定。
室内试验的缩略词:
BDD-确定体积密度;DSS-直剪试验;OED-固结试验;PTF-在变水头渗透仪中进行的渗透试验;PTC-在定水头渗透仪中进行的渗透试验;RS-环状剪切(环状剪切盒试验);SB-平移剪切盒试验;SIT-强度指标试验(通常只在初勘阶段进行);PSA-粒度分析;TX-三轴试验;TXCH-在三轴仪(或柔性壁渗透仪)中进行的定水渗透试验。

(4)对岩石常规室内试验:

①地质分类。

②确定密度或体积密度(ρ)。

③确定含水率(w)。

④确定孔隙率(n)。

⑤确定单轴抗压强度(σ_c)。

⑥确定弹性模量(E)和泊松比(ν)。

⑦点荷载强度指标试验($I_{s,50}$)。

(5)通常,岩芯样本的分类包括地质描述、岩芯采取率、岩石质量指标(RQD)、硬度、断裂记录、风化和裂隙。除上述提到的岩石常规室内试验外,可针对不同目的选择其他试验。例如,确定颗粒密度、确定波速、巴西劈裂拉伸试验、确定岩石的抗剪强度和裂缝、抗崩解性试验、膨胀试验和磨耗试验。

(6)岩体特性包括分层和开裂或不连续性,可通过沿裂缝进行的抗压和抗剪强度试验来间接研究岩体特性。对于软岩,可进行现场试验或大规模室内试验中的补充试验。

GB 50021—2001 中关于土的物理性质试验有如下规定:

各类工程均应测定下列土的分类指标和物理性质指标:

砂土:颗粒级配、相对密度、天然含水率、天然密度、最大和最小密度。

粉土:颗粒级配、液限、塑限、相对密度、天然含水率、天然密度和有机质含量。

黏性土:液限、塑限、相对密度、天然含水率、天然密度和有机质含量。

当测定液限时,应根据分类评价要求,选用 GB/T 50123—2019 中规定的方法,并应在试验报告上注明。有经验的地区,相对密度可根据经验确定。

当需进行渗流分析、基坑降水设计等要求提供土的透水性参数时,可进行渗透试验。常水头试验适用于砂土和碎石土;变水头试验适用于粉土和黏性土,透水性很低的软土可通过固结试验测定固结系数、体积压缩系数,计算渗透系数。土的渗透系数取值,应与野外抽水试验或注水试验的成果比较后确定。

当需对土方回填或填筑工程进行质量控制时,应进行击实试验,测定土的干密度与含水率关系,确定最大干密度和最优含水率。

GB 50021—2001 关于岩石室内试验有如下要求,岩石的成分和物理性质试验可根据工程需要选定下列项目:

(1)岩矿鉴定。

(2)颗粒密度和体积密度试验。

(3)吸水率和饱和吸水率试验。

(4)耐崩解性试验。

(5)膨胀试验。

(6)冻融试验。

单轴抗压强度试验应分别测定干燥和饱和状态下的强度,并提供极限抗压强度和软化系数。岩石的弹性模量和泊松比,可根据单轴压缩变形试验测定。对各向异性明显的岩石应分别测定平行和垂直层理面的强度。

岩石三轴压缩试验宜根据其应力状态选用四种围压,并提供不同围压下的主应力差与轴向应变关系、抗剪强度包络线和强度参数 c、φ 值。

岩石直剪试验可测定岩石以及节理面、滑动面、断层面或岩层层面等不连续面上的抗剪强度,并提供 c、φ 值和各法向应力下的剪应力与位移曲线。

岩石抗拉强度试验可在试件直径方向上,施加一对线性荷载,使试件沿直径方向破坏,间接测定岩石的抗拉强度。

当间接确定岩石的强度和模量时,可进行点荷载试验和声波速度测试。

2.5 控制和监测

EN 1997-2 规定:

若相关,项目建造和施工期间,应进行多次检查和附加试验,以检查地面条件是否与设计勘察中确定的条件一致,并检查交付的建筑材料以及施工工程是否符合假定或规定的要求。

应采用如下控制措施:

(1)检查开挖时的地层剖面。

(2)检查挖方底部。

可采用如下一般规定的控制措施:

(1)地下水位或孔隙压力及其波动的观测。

(2)相邻建筑、设施或土木工程性能的测量。

(3)实际建筑性能的测量。

应编制、报告控制措施的结果,并对照设计要求进行核对。应基于研究结果作出决定。

GB 50021—2001 中 4.1.21 规定:

(1)基坑或基槽开挖后,岩土条件与勘察资料不符或发现必须查明的异常情况时,应进行施工勘察。

(2)在工程施工或使用期间,当地基土、边坡体、地下水等发生未曾估计到的变化时,应进行监测,并对工程和环境的影响进行分析评价。

施工控制与监测因中国工程管理模式的特点,往往由施工方与监理方完成,勘察单位已退场,除存在重大疑点需进行补充勘探外,勘察报告已提交。局部问题一般由业主、设计与施工方协商解决,最终记录整理由施工方提交竣工报告时另附。

第3章 土、岩石取样与地下水测量

3.1 一般规定

EN 1997-2 规定:应全面进行土、岩石钻孔取样,同时进行地下水测量,以获取必要的岩土工程设计数据。

3.2 钻孔取样

EN 1997-2 规定,应按照如下规定选择钻孔设备:

(1)3.4.1 和 3.5.1 规定的所需取样类别。

(2)拟达到的钻孔深度以及所需样本直径。

(3)要求钻机具备记录钻孔参数、自动或手动调节等功能。

应遵照 EN ISO 22475-1 的要求。

3.3 开挖取样

EN 1997-2 规定:如果从探坑、导坑或竖井中采出样本,则应遵守 EN ISO 22475-1 的要求。

3.4 取土样

3.4.1 取样方法类别和试验室样本质量等级

EN 1997-2 规定:

样本应含有取样地层中的所有矿物成分。在取样过程中,样本不应受到其他地层或添加剂等各种材料的污染。

根据所需样本质量(有关样本质量,见表 3-1),应考虑以下三类取样方法:

(1)A 类取样方法:可获取 1 ~5 级质量的样本。

(2)B 类取样方法:可获取 3 ~5 级质量的样本。

(3)C 类取样方法:仅可获取 5 级质量的样本。

只有使用 A 类取样方法才可获取 1 级或 2 级质量的样本。在取样或处理样本过程中,土体结构未出现或只出现轻微的扰动。土的含水率和孔隙比与现场的土一致。土成分或化学成分未发生改变。某些意外情况，如地层变化，可能会导致获取质量等级较低的样本。

使用B类取样方法将不会获取质量优于3级的样本。此类样本中含有现场土中初始比例的所有成分，土保留其天然含水率。可辨认不同土层或成分的总体布置。土体结构已经受到扰动。某些意外情况，如地层变化，可能会导致获取质量等级较低的样本。

使用C类取样方法无法获取质量优于5级的样本。样本中的土体结构已完全改变。不同土层或组分的总体布置已经产生变动，这样便无法对现场土层进行准确鉴定。样本的含水率不宜代表取样土层的天然含水率。

假定土特性在取样和处理、运输和存放过程中不会发生变化，则室内试验用土样分为5个质量等级。表3-1所述为质量等级以及拟用取样类别。

室内试验用土样质量等级以及拟用取样类别　　表3-1

<table>
<tr><th>土体特性</th><th>1</th><th>2</th><th>3</th><th>4</th><th>5</th></tr>
<tr><td>未扰动土体特性：</td><td></td><td></td><td></td><td></td><td></td></tr>
<tr><td>• 粒径</td><td>*</td><td>*</td><td>*</td><td>*</td><td></td></tr>
<tr><td>• 含水率</td><td>*</td><td>*</td><td>*</td><td></td><td></td></tr>
<tr><td>• 密度、相对密度、渗透性</td><td>*</td><td>*</td><td></td><td></td><td></td></tr>
<tr><td>• 压缩性、抗剪强度</td><td>*</td><td></td><td></td><td></td><td></td></tr>
<tr><td>可确定的特性：</td><td></td><td></td><td></td><td></td><td></td></tr>
<tr><td>• 地层顺序</td><td>*</td><td>*</td><td>*</td><td>*</td><td>*</td></tr>
<tr><td>• 粗略地层界线</td><td>*</td><td>*</td><td>*</td><td>*</td><td></td></tr>
<tr><td>• 精细地层界线</td><td>*</td><td>*</td><td></td><td></td><td></td></tr>
<tr><td>• 阿太堡极限、颗粒密度、有机质含量</td><td>*</td><td>*</td><td>*</td><td>*</td><td></td></tr>
<tr><td>• 含水率</td><td>*</td><td>*</td><td>*</td><td></td><td></td></tr>
<tr><td>• 密度、相对密度、孔隙率、渗透性</td><td>*</td><td>*</td><td></td><td></td><td></td></tr>
<tr><td>• 压缩性、抗剪强度</td><td>*</td><td></td><td></td><td></td><td></td></tr>
<tr><td rowspan="3">EN ISO 22475-1 样本分类</td><td colspan="5">A</td></tr>
<tr><td colspan="2"></td><td colspan="3">B</td></tr>
<tr><td colspan="4"></td><td>C</td></tr>
</table>

3.4.2　鉴别

EN 1997-2 规定：

以采集样本检验为基础的土样鉴定应符合 EN ISO 14688-1 的规定。

3.4.3　取样

EN 1997-2 规定：

拟采集的样本质量等级和数量应基于勘察目的、场地地质条件及岩土工程结构和拟设计的建筑物的复杂程度。

可遵照以下两种不同的方法进行钻孔取样：

(1)采集完整土样的钻孔，钻孔过程中，通过深入钻孔下方的钻具和钻孔底部选定深度处的特殊取样器获取样本。

(2)仅在规定的深度处采集样本(如通过单独进行的贯入试验)而进行的钻孔。

应选择取样类别，同时要考虑表3-1中所列的规定室内试验质量等级、预期土类型及地下水条件。

为选择适于规定土取样类别的钻孔或开挖方法以及取样设备，应遵守 EN ISO 22475-1 的要求。

对于给定的项目，要求使用3.4.1规定的取样范围内特定取样设备和方法。例如，在必须确定原状样本中微小应变时的变形模量(刚度)，应遵循上述规定。

拟采集样本尺寸应与土类型以及拟进行试验类型和次数一致。

应在任何地层变化处以及规定间距(通常不大于3m)处抽取样本。对于非均质土,如果要求详细确定地层条件,则应进行连续钻孔取样或每隔较短的距离采集样本。

3.4.4　样本处理、运输和存放

EN 1997-2 规定,应按照 EN ISO 22475-1 的要求处理、运输和存放样本。

中欧标准关于取样方法与样本质量等级划分有一定差异:

EN 1997-2 将取样方法分为 A、B 和 C 三类;将样品质量等级分为Ⅰ、Ⅱ、Ⅲ、Ⅳ和Ⅴ级。

GB 50021—2001 则将取样方法分为:薄壁取土器、回转取土器、厚壁敞口取土器与其他类取土;将样品质量分为Ⅰ、Ⅱ、Ⅲ和Ⅳ级。土试样质量与试验目的之间关系见表3-2。

土试样质量等级　　表3-2

级　别	扰动程度	试验内容
Ⅰ	不扰动	土类定名、含水率、密度、强度试验、固结试验
Ⅱ	轻微扰动	土类定名、含水率、密度
Ⅲ	显著扰动	土类定名、含水率
Ⅳ	完全扰动	土类定名

注:1. 不扰动是指原位应力状态虽已改变,但土的结构、密度和含水率变化很小,能满足室内试验各项要求。

2. 除地基基础设计等级为甲级的工程外,在工程技术要求允许的情况下可用Ⅱ级土试样进行强度和固结试验,但宜先对土试样受扰动程度作抽样鉴定,判定用于试验的适宜性,并结合地区经验使用试验成果。

试样采取的取样工具和方法可按表3-3选择。

不同等级土试样的取样工具与方法　　表3-3

土体试样质量等级	取样工具和方法		适用土类										
			黏性土					粉土	砂土				砾砂、碎石土、软岩
			流塑	软塑	可塑	硬塑	坚硬		粉砂	细砂	粗砂	中砂	
Ⅰ	薄壁取土器	固定活塞	++	++	+	—	—	+	+	—	—	—	—
		水压固定活塞	++	++	+	—	—	+	+	—	—	—	—
		自由活塞敞口	—	+	++	—	—	+	+	—	—	—	—
			+	+	+	—	—	+	+	—	—	—	—
	回转取土器	单动三重管	—	++	++	++	+	++	++	++	—	—	—
		双动三重管	—	—	—	+	++	—	—	—	++	++	—
	探井(槽)中刻取块状土样		++	++	++	++	++	++	++	++	++	++	++
Ⅱ	薄壁取土器	水压固定活塞	++	++	+	—	—	+	+	—	—	—	—
		自由活塞	+	++	++	—	—	+	+	—	—	—	—
		敞口	++	++	++	—	—	+	+	—	—	—	—
	回转取土器	单动三重管	—	+	++	++	+	++	++	++	—	—	—
		双动三重管	—	—	—	+	++	—	—	—	++	++	++
	厚壁敞口取土器		+	++	++	++	++	+	+	+	+	+	-
Ⅲ	厚壁敞口取土器		++	++	++	++	++	++	++	++	++	+	—
	标准贯入器		++	++	++	++	++	++	++	++	++	++	—
	螺纹钻头		++	++	++	++	++	+	—	—	—	—	—
	岩芯钻头		++	++	++	++	++	++	+	+	+	+	+
Ⅳ	标准贯入器		++	++	++	++	++	++	++	++	++	++	—
	螺纹钻头		++	++	++	++	++	+	—	—	—	—	—
	岩芯钻头		++	++	++	++	++	++	++	++	++	++	++

注:1."++"适用;"+"部分适用;"—"不适用。

2. 采取砂土试样应有防止试样失落的补充措施。

3. 有经验时,可用束节式取土器代替薄壁取土器。

在钻孔中采取Ⅰ、Ⅱ级砂样时，可采用原状取砂器，并按相应的现行标准执行。

在钻孔中采取Ⅰ、Ⅱ级土试样时，应满足下列要求：

（1）在软土、砂土中宜采用泥浆护壁；如使用套管，应保持管内水位等于或稍高于地下水位，取样位置应低于套管底3倍孔径的距离。

（2）采用冲洗、冲击、振动等方式钻进时，应在预计取样位置1m以上改用回转钻进。

（3）下放取土器前应仔细清孔，清除扰动土，孔底残留浮土厚度不应大于取土器废土段长度（活塞取土器除外）。

（4）采取土试样宜用快速静力连续压入法。

（5）具体操作方法应按《建筑工程地质勘探与取样技术规程》（JGJ/T 87—2012）执行。

Ⅰ、Ⅱ、Ⅲ级土试样应妥善密封，防止湿度变化，严防曝晒或冰冻。在运输中应避免振动，保存时间不宜超过3周。对易于振动液化和水分离析的土试样宜就近进行试验。

从取样方法、要求与样品试验内容与目的判断，中欧标准中关于样品质量等级对应关系如表3-4所示。

中欧标准样品质量等级对应关系　　表3-4

欧洲标准	Ⅰ	Ⅱ	Ⅲ	Ⅳ	Ⅴ
中国标准	Ⅰ	Ⅱ	Ⅲ		Ⅳ

3.5 岩石取样

3.5.1 取样方法类别

EN 1997-2规定：

（1）样本应包含取样地层中的所有矿物成分。在取样过程中，样本不应受其他地层或添加剂等各种材料的污染。

（2）岩体中存在的不连续面及其填充料从总体上控制材料的强度和变形特征。如果必须确定这些特性，那么在取样操作过程中，应尽可能精确地确定。

（3）根据样本的质量，应考虑如下三类取样方法（见EN ISO 22475-1）：

①A类取样方法。

②B类取样方法。

③C类取样方法。

（4）使用A类取样方法的目的在于获取如下类型的样本：在取样以及处理样本过程中，岩石结构未出现或只出现轻微的扰动；岩石样本的强度和变形特征、含水率、密度、孔隙率和渗透性以及孔隙比与现场值一致；岩体的成分或化学成分未改变。某些意外情况，如地层变化，可能会导致获取质量等级较低的样本。

（5）使用B类取样方法旨在获取如下类型样本：含有现场岩体中初始比例的所有成分且岩块保留强度和变形特征、含水率、密度和孔隙率。通过使用B类取样方法，可辨认岩体中不连续面的总体分布。岩体结构已经受到扰动，因此，岩体自身具有不同的强度和变形特征、含水率、密度、孔隙率和渗透性。某些意外情况，如地层变化，可能会导致获取质量较低的样本。

（6）C类取样方法导致岩体结构及其不连续面完全改变。石料可能已经被压碎；石料的成分或化学成分会发生某些变化；可辨认岩石类型及其基质、纹理和构造。

3.5.2 岩石鉴定

EN 1997-2规定：

(1)目视岩石检查应以岩体和样本的检验为基础(包括对分解和不连续性进行的所有观察)。此鉴定应符合 EN ISO 14689-1:2003 的规定。

(2)风化类别应与地质过程相关,并涵盖未风化岩石和分解成土的岩石之间的级别。岩石的分类应符合 EN ISO 14689-1:2003 中 4.2.4 和 4.3.4 的规定。

(3)应使用明确术语,从样式、间距和倾斜度等方面量化不连续面,如层面、节理、裂缝、劈理和断层。量化应符合 EN ISO 14689-1:2003 中 4.3.3 的规定。

(4)应确定 EN ISO 22475-1 所述的岩石质量指标(RQD)、总取芯率(TCR)以及块状取芯率(SCR)。

3.5.3 岩石取样方案

EN 1997-2 规定:

(1)拟采集的样本特征和数量应基于场地勘察目的、该区域的地质情况以及岩土工程结构和拟设计的建筑物的复杂程度。

(2)应根据 3.5.1 中规定的需保留的岩石特征以及预期的岩石和地下水条件选择取样方法类别。

(3)应遵照 EN ISO 22475-1 的要求选择钻孔或开挖方法以及取样设备。

(4)对于给定项目,可能要求使用 3.5.1 中规定的岩石取样范围内的特定取样设备和方法。

3.5.4 样本处理、运输和存放

EN 1997-2 规定:进行取样和目视检查后,应按照 EN ISO 22475-1 的规定保存、处理和存放获取的岩芯。

由于岩石试件的取样多采用钻孔岩芯制作,操作较为标准,且受干扰因素较少,因此 GB 50021—2001 对岩石试件的取样叙述较为简略:岩石试样可利用钻探岩芯制作或在探井、探槽、竖井和平洞中刻取;采取的毛样尺寸应满足试块加工的要求;特殊情况下,试样形状、尺寸和方向由岩体力学试验设计确定。

3.6 土和岩石中地下水测量

3.6.1 概述

EN 1997-2 规定:

(1)地下水测量应符合 2.1.4 中的规定。

(2)应通过场内安装开放或封闭的地下水测量装置确定土和岩石中地下水位或孔隙水压力。

3.6.2 测量方案和实施

EN 1997-2 规定:

(1)若相关,应按照 EN ISO 22475-1 的规定进行地下水测量和取样。

(2)应根据场地的类型和渗透性、测量目的、所需观测时间、预计地下水波动以及设备和地面的响应时间选择用于地下水测量的设备类型。

(3)测量地下水压力有两种主要方法:开放系统和封闭系统。在开放系统中,通过通常配备有一条开管的观测井测量地下水测压水头;在封闭系统中,通过压力传感器直接测量选定点

处的地下水压力。

(4)开放系统最适用于渗透性相对较高的土层和岩石层,如砂、砾或高裂隙岩石。如果土和岩石具有较低的渗透性,则开放系统可能会导致由填满和排空压力管的时滞引起的错误判读。在开放系统中,使用与小直径软管连接的过滤嘴会减小时滞。

(5)封闭系统可用于各类土或岩石中。封闭系统应用于渗透性非常低的土和岩石(隔水层)中,如黏土或低裂隙岩石。处理高自流水压力时,也建议使用封闭系统。

(6)如果要监控短期变化或快速孔隙水波动,则应针对各类土和岩石,通过传感器和数据记录器使用连续记录。

(7)如果地表水位于勘察区域范围内或接近勘察区域,则在判读地下水测量结果时,应考虑水位,也应注意井中的水位、泉水和自流水的出现。

(8)应选择测量站的数量、位置和深度,选择时要考虑测量目的、地形、地层和土体条件,尤其是地面或确认的含水层的渗透性。

(9)为了对项目进行监控,如地下水位下降、挖方、填料和隧道,应根据监控预期变化选择监控位置。

(10)基于参考目的,若可能,应在受实际项目影响区域之外测量地下水的天然波动。

(11)为使测量反映土层或岩层中测量点处的孔隙压力,应按照 EN ISO 22475-1 的要求编制规定,从而确保测量点相对其他地层或含水层充分封闭。

(12)应针对具体项目规划读数的数量和频率及测量时长,规划时应考虑测量目的和稳定时间。

(13)初试阶段之后,应根据观测实际读数变化对所用标准进行调整。

(14)如果试图评估地下水波动,则应以小于拟描述特性的天然波动的间隔进行测量,并且应在相对一段较长的时间进行测量。

(15)钻孔过程中,通过观测一天结束时以及第二天开始时(重新钻孔前)的水位,可很好地显示地下水状态,并且应记录观测结果。此外,还应记录钻孔过程中出现的任何突发的水流入或流失现象,以提供附加的有用信息。

(16)在进行第一阶段场地勘察过程中,某些钻孔可能配备有用滤嘴保护的开孔管。随后一天得出的水位读数初步显示地下水状态,但读数要在 3.6.2(4)中提到的限制范围内。应考虑与不同含水层连通的危险,同时应考虑所有相关环境规定。

3.6.3 地下水测量结果评估

EN 1997-2 规定:

(1)评估地下水测量结果时,应考虑场地的地质和岩土工程技术条件、单次测量结果的精确性、孔隙水压力随时间的波动、观测期的时长、测量季节以及测量期间和测量期开始前的气候条件。

(2)地下水测量结果的评估结论应包括观测到的最大、最小水位高程,或孔隙压力以及相应的测量期。

(3)若适用,应分别针对极限情况或正常情况加上或减去预计波动或折减后的预计波动,从测量值中推导出极限情况和正常情况下的上限和下限。对于测量时间的延长期,经常缺乏可靠资料,则有必要导出基于有限可用信息的保守估计值。

(4)现场勘察期间以及在编写场地勘察报告时,应评估是否需进一步测量或安装测站。

EN 1997-2 对地下水的测量主要是指地下水位和地下水压力的测量,并详细列出注意事项以及测量结果的评估。GB 50021—2001 对于地下水的测量包括:

(1)地下水位的测量。地下水位的量测应符合下列规定:

①对工程有影响的多层含水层的水位量测,应采取止水措施,将被测含水层与其他含水层隔开。

②初见水位和稳定水位可在钻孔、探井或测压管内直接量测,稳定水位的间隔时间按地层的渗透性确定,对砂土和碎石土不得少于0.5h,对粉土和黏性土不得少于8h,并宜在勘察结束后统一量测稳定水位。量测读数至厘米,精度不得低于 ±2cm 。

(2)地下水流向测量。可用几何法,量测点不应少于呈三角形分布的3个测孔(井)。测点间距按岩土的渗透性、水力梯度和地形坡度确定,宜为50~100m。应同时量测各孔(井)内水位,确定地下水的流向。地下水流速的测定可采用指示剂法或充电法。

(3)孔隙水压力测定。孔隙水压力的测定应符合下列规定:

①测定方法可按表3-5确定。

孔隙水压力测定方法和适用条件 表3-5

仪器类型		适用条件	测定方法
测压计式	立管式测压计	渗透系数大于 10^{-4}cm/s 的均匀孔隙含水层	将带有过滤器的测压管打入土层,直接在管内量测
	水压式测压计	渗透系数低的土层,量测由潮汐涨落、挖方引起的压力变化	用装在孔壁的小型测压计探头,地下水压力通过塑料管传导至水银压力计测定
	电测式测压计(电阻应变式、钢弦应变式)	各种土层	孔压通过透水石传导至膜片,引起挠度变化,诱发电阻片(或钢弦)变化,用接收仪测定
	气动测压计	各种土层	利用两根排气管使压力为常数,传来的孔压在透水元件中的水压阀产生压差测定
孔压静力触探仪		各种土层	在探头上装有多孔透水过滤器压力传感器,在贯入过程中测定

②测试点应根据地质条件和分析需要布置。

③测压计的安装和埋设应符合有关安装技术规定。

④测试数据应及时分析整理,出现异常时应分析原因,并采取相应措施。

(4)地下水作用的评价。地下水力学作用的评价应包括下列内容:

①对基础、地下结构物和挡土墙,应考虑在最不利组合情况下, 地下水对结构物的上浮作用;对节理不发育的岩石和黏土且有地方经验或实测数据时,可根据经验确定;有渗流时,地下水的水头和作用宜通过渗流计算进行分析评价。

②验算边坡稳定时,应考虑地下水及其动力水压对边坡稳定的不利影响。

③在地下水位下降的影响范围内,应考虑地面沉降及其对工程的影响;当地下水位回升时,应考虑可能引起的回弹和附加的浮托力。

④当墙背填土为粉砂、粉土或黏性土,验算支挡结构物的稳定时,应根据不同排水条件评价地下水压力对支挡结构物的作用。

⑤因水头压差而产生自下向上的渗流时,应评价产生潜蚀、流土、管涌的可能性。

⑥在地下水位以下开挖基坑或地下工程时,应根据岩土的渗透性、地下水补给条件,分析评价降水或隔水措施的可行性及其对基坑稳定和邻近工程的影响。

(5)地下水的物理、化学作用的评价应包括下列内容:

①对地下水位以下的工程结构,应评价地下水对混凝土、金属材料的腐蚀性,评价方法按GB 50021—2001第12章执行。

②对软质岩石、强风化岩石、残积土、湿陷性土、膨胀岩土和盐渍岩土,应评价地下水的聚集和散失所产生的软化、崩解、湿陷、胀缩和潜蚀等有害作用。

③在冻土地区，应评价地下水对土的冻胀和融陷的影响。

3.7 本章小结

本章论述岩、土取样及地下水测量。由于这部分内容已逐渐标准化，中欧标准中的差异不是很大。表3-6简要列出中欧标准的主要差异，作为本章总结。

中欧标准中岩、土取样与地下水测量方法对比　　表3-6

项目	EN 1997-2	GB 50021—2001
参考标准	EN ISO 22475-1，EN ISO 14689-1	JGJ/T 87—2012
土样质量级别	Ⅰ、Ⅱ、Ⅲ、Ⅳ、Ⅴ	Ⅰ、Ⅱ、Ⅲ、Ⅳ
评述	Ⅲ、Ⅳ相当于中国标准中的Ⅲ级，分级更细	标准偏陈旧
取土样方法	A：结构未出现或只出现轻微的扰动，含水率和孔隙比与现场一致，成分未改变。（Ⅰ～Ⅴ级质量样本） B：含现场土中初始比例的所有成分，保留其天然含水率。（Ⅲ～Ⅴ级质量样本） C：样本中的土结构已完全改变。（Ⅴ级质量样本）	Ⅰ：薄壁取土器、回转取土器、探井取样。 Ⅱ：薄壁取土器、回转取土器、厚壁敞口取土器。 Ⅲ：厚壁敞口取土器、标准贯入器、螺纹钻头、岩芯钻头。 Ⅳ：标准贯入器、螺纹钻头、岩芯钻头
评述	根据质量分级划分取样方法类别，更抽象，但更为合理	依据取土质量要求选择取土器，对方法本身未分级
取岩样方法	A：岩石结构未出现或只出现轻微的扰动。岩石样本的强度和变形特征、含水率、密度、孔隙率和渗透性以及孔隙比与现场值一致。 B：岩体中初始比例的所有成分，岩块保留强度和变形特征、含水率、密度和孔隙率。 C：岩体结构及其不连续面完全改变。化学成分会发生某些变化。可辨认岩石类型及其基质、纹理和构造	（1）未分质量等级。 （2）取样方法： ①钻探岩芯。 ②探井、探槽、竖井和平洞中刻取。 （3）形状、尺寸和方向由岩体力学试验设计确定
评述	岩芯取样分级方法与土样一致，但未指明用什么方法实施	没有质量分级，根据试验要求确定
地下水测量	（1）测量指标：最高水位、最低水位和稳定水位孔隙水流向及压力。 （2）测量方法：开放、封闭水测量装置。 （3）测量结果评价：主要针对测试结果的真实性与可靠性评价	（1）测量指标：最高水位、最低水位和稳定水位孔隙水流向及压力。 （2）测量方法： ①水位：水位计。 ②水压：各类孔隙水测压计。 ③流向：三角形法。 （3）地下水作用评价： ①力学作用评价。 ②物理、化学作用评价
评述	测量指标基本一致，仅对测量数据进行评价	对测量数据影响（作用）进行工程评价

第4章 岩土原位试验

4.1 概述

EN 1997-2 规定：

(1)进行原位试验时，应将原位试验与开挖和钻孔取样联系起来，以便收集地层信息并获取岩土工程参数或设计方法的直接信息。

(2)应对原位试验进行规划，规划时应考虑如下特性：

①地层地质概况。

②结构类型、基础形式及施工期间的预期工作。

③所需岩土工程参数类型。

④拟采用的设计方法。

(3)应从 EN ISO 22476 的相关章节以及本章如下试验中选出试验或试验组合：

①静力触探试验。

②旁压试验。

③膨胀试验。

④标准贯入试验。

⑤动力触探试验。

⑥重力触探试验。

⑦现场十字板试验。

⑧扁铲侧胀试验。

⑨平板载荷试验。

表 2-1 概括了上述试验在不同地层条件下的适用情况。

(4)可使用其他国际公认的补充勘察方法，如地球物理勘探方法。

4.2 一般要求

4.2.1 设计具体试验方案

EN 1997-2 规定：

(1)除 2.3 中给出的建议以及 2.4 和 4.1(2)中的要求外，应确定如下信息：

①预期的地层剖面。

②规定的总勘察深度。

③地面和地下水位高程。

(2)设计场地勘察方案时,应针对试验类型以及试验设备,选择最佳技术和经济方案。

4.2.2 试验实施

EN 1997-2 规定:

对于本节所指各项试验,试验设备和试验程序应符合 EN ISO 22476-1、EN ISO 22476-8、EN ISO 22476-9、EN ISO 22476-12 和 EN ISO 22476-13 中的要求。

如果勘察结果与试验场地勘察目标的初始信息不一致,则应考虑采取额外的措施,如附加试验、改用不同的试验方法。

4.2.3 试验结果评估

EN 1997-2 规定:

(1)评估原位试验结果时,特别是从试验结果中推导岩土工程参数时,应考虑地层状况的附加信息。

(2)应利用钻孔和开挖取样结果。

(3)应考虑岩土工程技术和设备可能对测量参数造成的影响。如果土或岩层具有各向异性,应注意与各向异性有关的加载轴。

(4)如果使用相关性推导岩土工程参数,则应考虑相关性的适用性。

(5)如果应用附录 D ~ K,应确保勘察的场地条件(土类型、均匀系数、稠度指数等)符合相关性给定的边界条件。如果可利用,应利用当地经验进行确认。

GB 50021—2001 没有从设计、实施到结果评价作明确系统的规定,仅有如下定性要求:

(1)原位测试方法应根据岩土条件、设计对参数的要求、地区经验和测试方法的适用性等因素选用。

(2)根据原位测试成果,利用地区性经验估算岩土工程特性参数和对岩土工程问题做出评价时,应与室内试验和工程反算参数作对比,检验其可靠性。

(3)原位测试的仪器设备应定期检验和标定。

(4)分析原位测试成果资料时,应注意仪器设备、试验条件、试验方法等对试验的影响,结合地层条件,剔除异常数据。

从以上比较来看,欧洲标准比中国标准更为具体、更为成熟。欧洲标准对试验的要求几乎都是国际标准,如 EN ISO 22476-1 、EN ISO 22476-8、EN ISO 22476-9、EN ISO 22476-12 和 EN ISO 22476-13 中的要求。

4.3 静力触探试验(CPT)和孔压静力触探试验(CPTU)

4.3.1 试验目的

EN 1997-2 规定:

(1)静力触探试验(CPT)用于测定土、软岩对锥头贯入阻力和套筒上的局部摩擦力以及测量锥体底部水平面上贯入过程中的孔隙水压力。

(2)孔压静力触探试验(CPTU)主要用于确定土层剖面,与第 3 章所述钻孔和开挖取样结果或其他现场试验进行对比。

(3)试验结果可用于确定岩土工程参数,如土和软岩的强度和变形特性;试验结果也可直接得出设计方法的资料。

(4)试验结果可用于确定桩长、桩的抗压或抗拉承载力以及浅基础的尺寸。

4.3.2 具体要求

EN 1997-2 规定:

(1)对于电测式静力触探试验和孔压静力触探试验,应按照 EN ISO 22476-1 规定的方法进行试验并报告试验情况;对于机械式静力触探试验和孔压静力触探试验,则应按 EN ISO 22476-12 规定的方法进行试验并报告试验情况。

(2)设计某一项目的试验方案时,除 4.2.1 中给出的要求外,还应确定如下各项:

①EN ISO 22476-1 或 EN ISO 22476-12 规定的所需静力触探试验类型。

②孔隙压力消散试验的深度和持续时间。

(3)对于任何偏离 EN ISO 22476-1 或 EN ISO 22476-12 规定的情形,应证明其合理性并予以报告,尤其应论述对结果造成的各种影响。

4.3.3 试验结果评估

EN 1997-2 规定:

(1)除 4.2 中给出的要求外,评估时还应使用 EN ISO 22476-1 或 EN ISO 22476-12 所述的现场报告和试验报告。

(2)评估试验结果时,应考虑岩土工程技术可能对贯入阻力的影响,如对于黏土,评估时应使用针对孔隙水压力效应而修正的锥头贯入阻力(q_t)。

4.3.4 试验结果和导出值的应用

4.3.4.1 扩展基础的地基承载力和沉降

EN 1997-2 规定:

(1)如果从静力触探试验结果中推导扩展基础的地基承载力和沉降,则应使用半经验法或解析设计方法。

(2)如果使用半经验法,则应考虑该方法的所有特征。

(3)如果使用 EN 1997-1:2004 附录 D 中有关抗压强度的解析法,则可从式(4-1)中得出静力触探试验中细粒土的不排水抗剪强度(c_u):

$$c_u = \frac{q_c - \sigma_{v0}}{N_k} \tag{4-1}$$

或者,对于孔压静力触探试验,可按照式(4-2)计算:

$$c_u = \frac{q_t - \sigma_{v0}}{N_{kt}} \tag{4-2}$$

式中:q_c——锥头贯入阻力;

q_t——针对孔隙水压力效应而修正的锥头贯入阻力;

N_k、N_{kt}——根据当地经验或可靠相关性而估算的系数;

σ_{v0}——所考虑深度处的初始竖向有效应力。

(4)如果使用 EN 1997-1:2004 附录 D 中有关承压强度计算的样本分析法,则可基于当地经验,从锥头贯入阻力(q_c)中得出内摩擦角(φ'),若相关,确定时应考虑深度效应。

(5)可使用更加精确的方法由 q_c 导出 φ',确定时应考虑有效垂直应力、压缩性及超固结比。

(6)如果使用改进的弹性方法从静力触探试验结果中计算扩展基础的沉降,则锥头贯入阻力(q_c)与排水(长期)弹性模量(E')之间的相关性取决于方法的性质:半经验弹性方法,或理论弹性方法。

(7)可使用半经验弹性方法来计算粗粒土的沉降。

(8)如果使用理论弹性方法,则可基于当地经验,从锥头贯入阻力(q_c)中得出排水(长期)弹性模量(E')。

(9)计算扩展基础的沉降时,也可使用侧向压缩模量(E_{oed})与锥头贯入阻力(q_c)的相关性。通常,E_{oed}和q_c的关系如下:

$$E_{oed} = \alpha q_c \tag{4-3}$$

式中:α——取决于当地经验的相关系数。

(10)如果使用理论弹性方法计算扩展基础的沉降,则可基于q_c,使用与应力有关的侧向压缩模量(E_{oed})。

关于静力触探结果用于确定地基承载力,EN 1997 中提出两种方法:半经验法和强度分析法。

半经验法主要是根据对比试验结果提出经验公式。将静力触探结果与载荷试验求得的比例界限值进行对比,并通过对比数据的相关性分析得到用于特定地区或特定土的经验公式,从而求出地基承载力。中国标准主要采用这种方法。例如,《工程地质手册》(第五版)表 3-4-5、表 3-4-6、表 3-4-7 和表 3-4-8 分别列出了不同地区、不同行业,利用静力触探结果(p_s)推算地基承载力的经验公式。

强度分析法主要是根据静力触探测出的锥头贯入阻力(q_c)与测点处上覆土层的初始竖向总应力(σ_v)计算土层不排水抗剪强度,然后按 EN 1997-1 附录 D 中公式计算地基承载力。

利用静力触探求饱和软黏土的不排水综合抗剪强度(c_u)时,目前是用静力触探成果与现场十字板剪切试验成果对比,建立p_u和c_u的相关关系,以求得c_u值,参见《工程地质手册》(第五版)表 3-4-12。

TB 10018—2018 规定,对灵敏度$S_t = 2 \sim 7$,塑性指数$I_P = 12 \sim 40$的软黏土,不排水抗剪强度c_u按下列公式计算:

$$c_u = 0.9\frac{p_s - \sigma_{v0}}{N_k} \tag{4-4}$$

$$N_k = 25.81 - 0.75S_t - 2.25\ln I_P \tag{4-5}$$

式中:p_s——比贯入阻力(kPa)。

但并没有像 EN 1997 那样将此结果进一步推算成地基承载力强度设计值。

值得注意的是,欧洲标准中关于地基承载力的特征值与中国标准有较大的不同。欧洲标准给出的是地基承载能力的强度设计值(R/A),用于承载能力极限状态设计与验算,属承载能力极限状态(ULS);而中国标准给出的是地基承载能力特征值(f_a),用于按荷载标准组合效应条件下进行基础面积的设计与验算,属正常使用极限状态(SLS)。两者性质完全不同。

关于地基的压缩沉降,EN 1997 也提出半经验弹性方法与理论弹性分析方法,中国标准目前仍然采用半经验弹性法(分层总和法),结合当地经验的修正系数。

利用静力触探的比贯入阻力p_s推算土层的压缩模量,也是一种经验公式,《工程地质手册》(第五版)表 3-4-9 和表 3-4-10 分别给出各地区与各行业总结的经验式;然后据此求得等效压缩模量,以应用修正的分层总和法求基础的最终沉降。

中国岩土工程标准中的分层总和法与 EN 1997 中所用参数也有差异,中国标准计算时使用等效压缩模量(如 GB 50007—2011 中 5.3),而 EN 1997 中使用侧向压缩模量。

4.3.4.2 桩基承载力

如果从静力触探试验结果推导 EN 1997-1:2004 中 7.6.2.3 或 7.6.3.3 所述的桩的极限抗压或抗拉承载力,则可使用基于当地经验确定的静载荷试验结果与静力触探试验结果的相关性。

当利用静力触探结果计算桩基承载力时,中欧标准也有所不同,主要体现在计算的经验公式的差异,中欧标准中的公式均很复杂,JGJ 94—2008 中计算桩基承载力时主要是比贯入阻力的计算考虑土的类别,假设桩为圆形截面,而 EN 1997-2 中不仅考虑土的类别还考虑桩的形状,从而使计算公式更为复杂(详见 EN 1997-2 附录 D.7)。

根据静力触探资料,利用地区经验,可进行力学分层,估算土的塑性状态或密实度、强度、压缩性、地基承载力、单桩承载力、沉桩阻力,进行液化判别等。根据孔压消散曲线可估算土的固结系数和渗透系数[详见《工程地质手册》(第五版)P205 ~216]。

总体而言,中欧标准对于试验的目的、方法、所测参数与要求基本相同,主要测量比贯入阻力(p_s)、锥头贯入阻力(q_c)、侧摩阻力(f_s)和贯入时孔隙水压力(u)。不同的是欧洲标准给出的静力触探结果主要用于确定地基承载力参数(c,φ)、土体压缩模量(E)和桩基承载能力(R),而中国标准对静力触探结果的应用则非常广泛。例如,GB 50021—2001 中 10.3 陈述根据贯入曲线的线型特征,结合相邻钻孔资料和地区经验,划分土层和判定土类;计算各土层静力触探有关试验数据的平均值,或对数据进行统计分析,提供静力触探数据的空间变化规律。

4.3.5 中欧标准差异对比

表 4-1 将中欧标准中关于静力触探试验的主要内容进行汇总,以便于对比。

中欧标准关于静力触探试验比较 表 4-1

项目	EN 1997-2	GB 50021—2001
参考标准(资料、手册)	EN ISO 22476-1,EN ISO 22476-12	TB 10012—2019,《工程地质手册》第五版,GB 50007—2011,JGJ 94—2008
试验名称	静力触探试验(CPT),孔压静力触探试验(CPTU)	静力触探试验,孔压静力触探试验
适用范围	适用于软土、一般黏性土、粉土、砂土甚至软岩	适用于软土、一般黏性土、粉土、砂土和含少量碎石的土
探头规格	M1:锥尖角 60°,锥头截面积 1000mm^2,直径 35.7mm,侧面积 15000mm^2 M2:同 M1 M4(单头,不能测侧摩阻力):同 M1	单桥探头:底面积 10cm^{2}或 15cm^2, 侧壁高 50mm 或 70mm, 锥尖角 60° 双桥探头:侧面积 150 ~300cm^2,锥尖角 60°
测量指标	l 贯入深度(m) Q_c 作用在锥头上的力(kN) Q_t 总贯入阻力(kN)	单桥探头:p_s比贯入阻力,q_c锥头贯入阻力 双桥探头:p_s比贯入阻力,q_c锥头贯入阻力,f_s侧摩阻力,u 孔隙水压力
成果	q_c 锥头贯入阻力(MPa) f_s 侧摩阻力(MPa) Q_t 总贯入阻力(kN) Q_{st} 总侧摩阻力(kN) R_f 总摩阻比(%)	p_s-z 曲线,q_c-z 曲线, f_s-z 曲线,R_f-z 曲线, u_i-z 曲线,q_t-z 曲线, u_t-lg$t$ 曲线
成果应用	(1)地基承载力 (2)沉降计算(E',E_{oed}) (3)计算 c'、φ' (4)超固结比 (5)桩基承载力 注:测试报告要求非常详细,见 EN ISO 22476-12	(1)进行力学分层、判定土类型 (2)估算土的塑性状态或密实度 (3)强度、压缩性 (4)地基承载力 (5)单桩承载力、沉桩阻力 (6)进行液化判别等 (7)根据孔压消散曲线可估算土的固结系数和渗透系数
评述	欧洲标准引用的是国际标准,其成果具有可比性	中国引用的是国内标准,应用较为广泛,有一定的经验积累,但都是经验公式,可比性差

4.4 旁压试验(PMT)

4.4.1 试验目的

EN 1997-2 规定:

(1)旁压试验旨在现场测量因受压圆柱形弹性膜膨胀引起的土和软岩的变形。

(2)本试验用于导出地层强度、变形参数或特定的旁压参数。

(3)试验结果可用于导出细粒土和软岩中的应力-应变曲线。

4.4.2 具体要求

EN 1997-2 规定:

(1)设计各项目试验方案时,应规定拟使用的旁压仪类型。

(2)通常,可使用如下四类不同的仪器,每类仪器应使用相应的标准:

①EN ISO 22476-5 所述的预钻式旁压仪(PBP),如柔性膨胀试验(FDT)。

②EN ISO 22476-4 所述的梅纳旁压仪(MPM),是一种特殊的预钻式旁压仪。

③EN ISO 22476-6 所述的自钻式旁压仪(SBP)。

④EN ISO 22476-8 所述的全位移旁压仪(FDP)。

(3)可利用如下两种基本试验程序:

①一种用于获取旁压模量(E_M)及极限压力(p_{LM}),可用于为梅纳旁压仪制定的设计方法。

②一种用于获取其他刚度和强度参数的程序。

(4)应按照拟用特定设备要求的试验方法进行试验,并报告试验情况。

(5)对于任何偏离相应标准要求的情形,应证明其合理性,尤其应论述对结果造成的影响。

4.4.3 试验结果评估

EN 1997-2 规定:

(1)必要时,应根据薄膜刚度修正外加压力,得出施加于探头周围的圆柱形接触面上的实际压力。

(2)如果使用径向位移式旁压仪,应将位移读数转换为空腔应变,如果试验的是软岩,应根据薄膜压缩和变薄程度修正位移读数。

(3)如果使用体积位移式旁压仪(如梅纳旁压仪),则应根据系统膨胀程度修正体积读数。

(4)除4.2 中的规定外,为进一步评估提供依据,应使用 EN ISO 22476-4 、EN ISO 22476-5 、EN ISO 22476-6 和 EN ISO 22476-8 中针对特定试验类型规定的现场报告和试验报告。

(5)除单个试验设备标准要求绘制的图外,还应考虑表 4-2 中的附图列表。

附图列表　　表 4-2

探头	场地类型	横坐标	纵坐标
径向位移式			
自钻、推进	全部	每支钻臂的空腔应变	外加压力
预钻	全部	每支钻臂的空腔应变	外加压力
自钻	全部	每支钻臂的初始空腔应变	外加压力
全部	全部	每支钻臂卸载-重加载周期的空腔应变	外加压力
全部	黏土	每支钻臂空腔应变的对数	外加压力
全部	砂砾	每支钻臂当前空腔应变的自然对数	有效外加压力的自然对数

续上表

探　头	场地类型	横　坐　标	纵　坐　标
体积位移式(除梅纳旁压仪[a]外)			
预钻	全部	体积变化	外加压力
预钻	全部	体积变化率	外加压力

注：[a]对于梅纳旁压仪试验，将压力绘制成横坐标，体积变化绘制成纵坐标。

4.4.4　试验结果和导出值的应用

4.4.4.1　总体标准

EN 1997-2 规定：

(1)如果使用间接或解析法，应使用与专门试验和设备类型相关的方法，从旁压曲线中导出抗剪强度和剪切模量的岩土工程参数。

(2)如果使用直接或半经验设计法，则应考虑此方法的所有特征。

(3)如果使用半经验法从梅纳旁压仪试验结果导出扩展基础的沉降，则此类特殊方法只能利用梅纳旁压模量(E_M)。

4.4.4.2　扩展基础的地基承载力

EN 1997-2 规定：

(1)如果使用半经验法，则需遵照与该方法相关的所有规定，尤其是有关确定方法时用到的旁压仪类型的规定。应遵照 EN ISO 22476-4 的规定。

(2)如果使用解析法，基于当地经验运用经验法和理论法确定土的强度。

(3)可采用理论法，从粗粒土的自钻式旁压仪试验中得出内摩擦角(φ')，基于当地经验应用经验相关性从全位移旁压仪和预钻式旁压仪试验中导出内摩擦角(φ')。

中欧标准均可用旁压试验结果导出地基承载力，然而，两者导出的方式却有所不同：

(1)EN 1997-1 附录 E 中：

$$\frac{R}{A'} = \sigma_{v0} + k(p_{LM} - p_0) \tag{4-6}$$

式中：σ_{v0}——基底平面以上初始竖向应力；

p_{LM}——基底梅纳极限压力代表值；

k——与土类别相关的承载力系数；

p_0——$p_0 = K_0(\sigma_{v0} - u) + u$，通常 $K_0 = 0.5$，u 为试验平面上孔隙水压力。

(2)GB 50021—2001 第 292 页中的公式：

$$f_{ak} = p_f - p_0 \tag{4-7}$$

或

$$f_{ak} = (p_L - p_0)/F_s \tag{4-8}$$

式中：f_{ak}——地基承载力；

p_f——旁压曲线直线段终点，即直线与曲线的第二切点对应的压力；

p_0——初始压力；

p_L——极限压力。

4.4.4.3　扩展基础的沉降

EN 1997-2 规定：

(1)可使用半经验法从梅纳旁压仪试验中得出扩展基础的沉降。

(2)如果使用解析法，基于当地经验应用判读旁压试验的理论模型确定土的刚度。

中欧标准利用旁压试验结果计算地基沉降的方法也有所不同。

(1)EN 1997-2 中直接使用半经验公式：

$$s = (q - \sigma_{v0}) \times \left[\frac{2B_0}{9E_d} \times \left(\frac{\lambda_d}{B_0}\right)^{\alpha} + \frac{\alpha\lambda_c B}{9E_c}\right] \tag{4-9}$$

式中,各符号的含义见 EN 1997-2 附录 E.2。

(2)《工程地质手册》(第五版)中则是利用旁压变形参数 G_m,按经验公式导出地层压缩模量 E_s,然后按 GB 50007—2011 中的修正分层总和法计算地基沉降。

4.4.4.4 单桩承载力

EN 1997-2 规定：

(1)可直接从应力控制试验中推导出桩的极限抗压承载力。

(2)如果间接从旁压试验结果中推导出桩的极限抗压或抗拉承载力,则基于当地经验利用解析法导出桩端阻力和桩侧阻力。

EN 1997-2 还可利用旁压试验结果推算单桩承载力(详见 EN 1997-2 附录 E.3),而中国相关岩土工程标准则没有涉及此方面的内容。

4.4.5 中欧标准差异对比

旁压试验(PMT)是用可侧向膨胀的旁压器,对钻孔孔壁周围的土体施加径向压力的原位测试,根据压力和变形关系,计算土的模量和强度。旁压仪包括预钻式、自钻式和压入式三种。中国目前以预钻式为主,GB 50021—2001 中规定也是针对预钻式的。压入式目前尚无产品,故没有列入。旁压器分单腔式和三腔式。当旁压器有效长径比大于 4 时,可认为属无限长圆柱扩张轴对称平面应变问题。单腔式、三腔式所得结果无明显差别。

中欧标准关于旁压试验结果的应用有些不同,主要是欧洲关于旁压试验的经验丰富,积累的资料很多,因此其应用也较广泛,而中国对旁压试验仍处于探索阶段,积累的经验不多,因此其试验成果主要限于根据初始压力、临塑压力、极限压力和旁压模量,结合地区经验评定地基承载力和变形参数。根据自钻式旁压试验的旁压曲线,测求土的原位水平应力、静止侧压力系数、不排水抗剪强度等[详见《工程地质手册》(第五版)P252～262]。

4.5 柔性膨胀计试验(FDT)

4.5.1 试验目的

EN 1997-2 规定：

(1)从承受圆柱形膨胀探头施加的均匀径向压力的钻孔截面径向膨胀的测量中,测得岩石(岩石膨胀试验-RDT)和土(土膨胀试验-SDT)的变形。

(2)RDT 应主要用于软和硬岩层中,而 SDT 应主要用于软土～黏结性土中,以获取随深度变化的变形能力的剖面图。

(3)圆柱形膨胀试验结果可用于确定对完整岩石进行试验时的现场变形和蠕变特性。

(4)在易碎岩或黏土岩以及断裂或密实岩层中,如果岩芯采取率过低或无法满足获取室内试验用代表性样本的目的,则圆柱形膨胀试验可用于钻孔的快速指数测井,并用于对比不同岩层的相对变形能力。

4.5.2 具体要求

EN 1997-2 规定：

(1)设计各项目的试验程序时,应规定拟用设备的具体要求。

(2)应按照符合 EN ISO 22476-5 规定的试验方法来进行试验并报告试验情况。

(3)对任何偏离于 EN ISO 22476-5 中规定的情形,应证明其合理性,尤其应论述其对试验结果造成的影响。

4.5.3 试验结果评估

(1)除 4.2 中给出的要求外,评估时还应使用 EN ISO 22476-5 中针对特定试验类型规定的现场报告和试验报告。

(2)柔性膨胀试验的判读要求是已知或假设土或岩石的泊松比。

4.5.4 试验结果和导出值的应用

(1)通过变形分析,膨胀试验结果可用于检验土或岩石上扩展基础的正常使用极限状态。

(2)变形分析时,在假定土或岩石具有线弹性和各向同性的情况下,弹性模量(E)可取值等于膨胀模量(E_{FDT})。

(3)如果使用间接或解析设计法,则应使用与特定试验类型相关的方法,从膨胀曲线中推导出抗剪模量的岩土工程参数。

4.5.5 中欧标准差异对比

《岩土工程勘察规范》(GB 50021—2001)中没有列入柔性膨胀试验,对其试验要求及试验结果的应用也未作出相应规定。GB/T 50266—2013 中 3.2 关于钻孔变形试验的规定与欧洲标准关于膨胀试验类似,但中国标准仅适用于岩体,主要用于测量岩体的变形模量。

4.6 标准贯入试验(SPT)

4.6.1 试验目的

EN 1997-2 规定:

(1)标准贯入试验旨在确定钻孔底部的土对劈管取样器(或锥形体取样器)的动力触探阻力,并获取鉴定用扰动样本。

(2)本试验主要用于确定粗粒土的强度和变形能力。

(3)也可从其他类型的土中获取其他有价值的数据。

4.6.2 具体要求

EN 1997-2 规定:

(1)应按照 EN ISO 22476-3 的规定进行试验并报告试验情况。

(2)对任何偏离 EN ISO 22476-3 中规定的情形,应证明其合理性,尤其应论述其对试验结果造成的影响。

4.6.3 试验结果评估

EN 1997-2 规定:

(1)除 4.2 中规定的要求外,评估时还应使用 EN ISO 22476-3 所述的现场报告和试验报告。

(2)基于标准贯入试验的现有地基设计方法,从本质上来说是经验性的。已对设备相关操作方法进行了修改,以获取更可靠的结果。因此,应根据判读结果应用适当的修正系数(参见 EN ISO 22476-3)。

(3)如果试验结果拟用于对地基进行定量评估或用于结果对比，则设备的能量比(E_r)应已知。E_r定义为，通过将重锤打入铁砧下方的传动杆内得到的实际能量 E_{meas}(校准过程中测得的能量)与针对打入重锤计算出的理论能量 E_{theor} 的比值。应修正测得的锤击数(N)(参见 EN ISO 22476-3)。

(4)在砂土中，应相应地考虑杆长引起的能量损耗以及有效上覆岩层压力效应(参见 EN ISO 22476-3:2005 的附录 A.2 和附录 A.4)。

(5)应考虑进行其他修正，如考虑使用内衬(参见 EN ISO 22476-3:2005 的附录 A.3)或实心锥。

4.6.4 试验结果和导出值的应用

4.6.4.1 一般标准

EN 1997-2 规定:

(1)研究砂层相关问题时，可利用实践经验，如有关地基的相对密度、承压强度和沉降的定量评估，仅应将结果视为粗略近似值。现有的大多数方法仍然基于未修正或部分修正的值。

(2)不存在关于黏质土中标准贯入试验结果使用的一般规定。原则上，标准贯入试验结果的使用应限于对土层剖面进行的定性评估或对土体强度特性进行的定性估算。

(3)如果直接与其他试验相关，可以将标准贯入试验结果用于当地条件下的黏质土中。

4.6.4.2 砂土地基扩展基础的承载力

EN 1997-2 规定:

(1)如果使用计算承压强度的分析法，则可从标准贯入试验结果中推导出有效内摩擦角(φ')。

(2)可根据经验，从下述各项中推导出 φ'的值:①与标准贯入试验结果的直接相关性;②与相对密度的相关性(相对密度从标准贯入试验结果中推导出时)。

(3)通常，地质固结期越长，砂层对变形的抗力就越大。更多的锤击数反映了这种“固结”效应，应考虑这种固结效应。

(4)对于相对密度 I_D和 σ'_{v0}值相同的情形，应考虑超固结，因为超固结会使锤击数增加。

中欧标准关于标准贯入试验结果用于确定地基承载力时，均是根据试验锤击数与地基承载能力的相关性的经验公式法确定地基承载力，但因地区与土层特性的不同，经验公式不完全相同。GB 50021—2001 中直接利用统计模型，建立锤击数与承载力的经验关系式，从而方便地计算地基承载力。EN 1997-2 则根据砂土的相对密度 I_D与锤击数的相关关系，和相对密度与内摩擦角 φ'之间的相关关系，间接导出内摩擦角与锤击数的关系，从而导出地基承载力(参见 EN 1997-2 附录 F.1 和 F.2)。

4.6.4.3 砂土地基扩展基础的沉降

EN 1997-2 规定:

(1)如果使用纯弹性设计法，则可通过经验相关性，从 N 值中推导出排水弹性模量 E'。

(2)可基于 N_{60}值推导出相对密度，应用适当的相关性，通过相对密度求出 E'。

(3)直接设计法是基于 N 值与平板载荷试验结果或测得的地基沉降记录的比较。通过基础宽度、基础嵌入地面和地下水位，可以得出最大沉降为 25mm 对应的允许承载力或沉降压强度。

中欧标准关于标准贯入试验结果用于计算基础沉降时的规定，也存在差异。EN 1997-2 直接利用统计结果，建立基础沉降与锤击数的经验关系式，直接用锤击数求基础沉降;而 GB 50021—2001 则先统计模拟锤击数与地层压缩模量间的关系，再用 GB 50007—2011 中的修正分层总和法计算基础沉降。

4.6.4.4 砂土地基中的桩基承载力

EN 1997-2 规定，如果从标准贯入试验结果中推导出桩的极限抗压或抗拉承载力，则应使用如下计算规则:基于当地确认的静载荷试验结果与标准贯入试验结果之间的相关性。

由于 N 值离散性大,所以在利用 N 值解决工程问题时,应持慎重态度,依据单孔标贯资料提供设计参数是不可信的;在分析整理时,与动力触探相同,应剔除个别异常的 N 值;依据 N 值提供定量的设计参数时,应有当地的经验,否则只能提供定性的参数,供初步评定用。因此,中国相关岩土工程标准没有具体包含利用标准贯入试验结果推算桩基承载力的内容。

4.6.5 中欧标准差异对比

中欧标准对标准贯入试验都很重视,其试验要求与测定参数也相同。所不同的是欧洲标准仅侧重于砂土中的应用,而中国标准对标准贯入试验的结果应用广泛。例如,GB 50021—2001 中 10.5.5 规定标准贯入试验锤击数 N 值,可对砂土、粉土、黏性土的物理状态,土的强度、变形参数、地基承载力、单桩承载力,砂土和粉土的液化,成桩的可能性等作出评价。应用 N 值时是否修正以及如何修正,应根据建立统计关系时的具体情况确定。

4.7 动力触探试验(DP)

4.7.1 试验目的

EN 1997-2 规定:

(1)动力触探试验旨在确定现场土和软岩对锥体动态贯入的阻力。

(2)试验结果应与第 3 章所述钻孔和开挖取样结果一起用于确定土剖面,或用作其他现场试验的相对比较结果。

(3)试验结果也可用于通过适当的相关性确定土(通常为粗粒土,也可能为细粒土)的强度和变形特性。

(4)试验结果可用于确定非常密实的近地面层的深度,例如揭示端承桩的长度。

4.7.2 具体要求

EN 1997-2 规定:

(1)设计某一项目的具体试验方案时,除 4.2.1 中给出的要求外,还应选定 EN ISO 22476-2 所述的动力触探试验类型。

(2)应按照 EN ISO 22476-2 的规定进行试验并报告试验情况。

(3)对任何偏离 EN ISO 22476-2 中给出的要求的情况,应证明其合理性,尤其应论述其对试验结果造成的影响。

(4)在难于接近的特殊位置,可使用 EN ISO 22476-2 中规定之外的较轻设备和方法。

4.7.3 试验结果评估

EN 1997-2 规定:

(1)除 4.2 中给出的要求外,评估时还应使用 EN ISO 22476-2 所述的现场报告和试验报告。

(2)评估试验结果时,应考虑 EN ISO 22476-2:2005 中 5.4 所述的工工技术和设备可能对贯入阻力造成的影响。

4.7.4 试验结果和导出值的应用

EN 1997-2 规定:

(1)对于粗粒土,可能会得出某些岩土工程参数与现场试验之间的相关性。对地基设计进行定量评估时可使用此相关性,但前提是要忽略或适时修正沿杆的摩擦。

(2)对于细粒土,应仅在公认的当地条件下定量使用试验结果,并且通过特定的相关性来为试验结果的定量使用提供证明。试验期间的表面摩擦是值得特别关注的一个因素,应适时考虑。

(3)已在不同动力触探试验之间,以及动力触探试验与其他试验或岩土工程参数之间确定了几种相关性。在某些情况下,已消除或修正了沿杆长的摩擦,但是未测量传递到探头中的实际能量。因此,通常无法将这些相关性视为有效。

(4)如果使用扩展基础的承压强度的解析法,则可应用相关性,从锤击数和相应的相对密度(I_D)中得出粗粒土的内摩擦角(φ')。

(5)如果利用理论弹性方法计算扩展基础的沉降,则可使用从锤击数中推导出的侧向压缩模量(E_{oed})。

(6)如果设计中使用桩静载荷试验,得出极限抗压承载力与粗粒土中锥头贯入阻力(q_c)之间确定的相关性,则可利用经确认的关系,通过 N_{10} 或 N_{20} 估算出 q_c。

圆锥动力触探(DPT)是岩土工程勘察中常规的原位测试方法之一,它是利用一定质量的落锤,以一定高度的自由落距将标准规格的圆锥形探头打入土层中,根据探头贯入的难易程度判定土层的性质。其技术特点如下:

(1)通过触探试验获得地基土的物理力学性质指标。经过试验对比和相关分析,可获得地基土的密实度、地基承载力和变形指标等参数。

(2)可判定地基土的均匀性。圆锥动力触探试验是一种在地层中可以由上至下连续贯入的测试方法,每个触探点的试验曲线,可反映地层在竖向上的变化规律;利用多个触探点的试验曲线,可分析地层在水平方向的变化,评价地基的均匀性。

(3)具有钻探与测试的双重功能。圆锥动力触探可利用锤击数判定土的力学性质,同时也可以利用场地的钻探资料或已经熟悉的资料进行地层分层,确定地层的分布厚度、基岩面的埋藏深度、软质岩石、强风化层厚度等,可适当减小钻孔的数量。其影响因素有人为因素、设备因素及土的性质、触探深度与地下水等。因此,可从以下几方面考虑影响因素:①设备规格的定型化;②操作方法的标准化;③限制应用研究范围。

4.7.5 中欧标准差异对比

中国与欧洲国家设备规格有差异。欧洲标准按照 EN ISO 22476-2 的规定,将动力触探分为五类:①轻型动力触探(DPL),锤击数:N_{10L};②中型动力触探(DPM),锤击数:N_{10M};③重型动力触探(DPH),锤击数:N_{10H};④超重型动力触探(DPSH-A),锤击数:N_{10SA} 或 N_{20SA};⑤超重型动力触探(DPSH-B),锤击数:N_{10SB} 或 N_{20SB}。

而中国《岩土工程勘察规范》(GB 50021—2001)仅将动力触探分为轻型(10kg)、重型(63.5kg)与超重型(120kg)三级。其对应适用范围:轻型圆锥动力触探试验一般适用于贯入深度小于 4m 的黏土、黏性土组成的素填土和粉土,可用于施工验槽、地基检验和地基处理效果的检测;重型圆锥动力触探试验一般适用于砂土、中密以下的碎石土和极软岩;超重型圆锥动力触探试验一般适用于较密实的碎石土、极软岩和软岩。

表 4-3 将中欧标准关于重力触探试验的主要指标进行对比。

中欧标准中关于重力触探试验主要指标对比　　表 4-3

项目	EN 1997-2	GB 50021—2001
参考标准（资料、手册）	EN ISO 22476-2	TB 10018—2018,《工程地质手册》(第五版)

续上表

项目	EN 1997-2	GB 50021—2001
适用范围	DPL:浅部的填土、砂土、粉土、黏性土 DPM:砂土、中密以下的碎石土、极软岩 DPH、DPSH-A、DPSH-B:密实和很密的碎石土、软岩、极软岩	轻型:浅部的填土、砂土、粉土、黏性土 重型:砂土、中密以下的碎石土、极软岩 超重型:密实和很密的碎石土、软岩、极软岩
探头规格	DPL:锤质量 10kg,落距 500mm,锥角 90°,直径 34mm,探杆直径 22mm DPM:锤质量 30kg,落距 500mm,锥角 90°,直径 42mm,探杆直径 32mm DPH:锤质量 50kg,落距 500mm,锥角 90°,直径 42mm,探杆直径 32mm DPSH-A:锤质量 63.5kg,落距 500mm,锥角 90°,直径 43mm,探杆直径 32mm DPSH-B:锤质量 63.5kg,落距 750mm,锥角 90°,直径 49mm,探杆直径 35mm	轻型:锤质量 10kg,落距 500mm,锥角 60°,直径 40mm,探杆直径 25mm 重型:锤质量 63.5kg,落距 760mm,锥角 60°,直径 74mm,探杆直径 42mm 超重型:锤质量 120kg,落距 1000mm,锥角 60°,直径 74mm,探杆直径 50 ~ 60mm
测量指标	DPL:贯入 10cm 的读数 N_{10} DPM:贯入 10cm 的读数 N_{10} DPH:贯入 10cm 的读数 N_{10} DPSH-A:贯入 10cm(或 20cm)的读数 N_{10}(或 N_{20}) DPS DPSH-B:贯入 10cm(或 20cm)的读数 N_{10}(或 N_{20})	轻型:贯入 30cm 的读数 N_{10} 重型:贯入 10cm 的读数 $N_{63.5}$ 超重型:贯入 10cm 的读数 N_{120}
成果	DPL:N_{10}读数正常范围 3 ~ 50 DPM:N_{10}读数正常范围 3 ~ 50 DPH:N_{10}读数正常范围 3 ~ 50 DPSH-A:N_{10}读数正常范围 3 ~ 50 或 N_{20}读数正常范围 5 ~ 100 DPSH-B:N_{10}读数正常范围 3 ~ 50 或 N_{20}读数正常范围 5 ~ 100	轻型:N_{10} > 100,或贯入 15cm 锤击数超过 50,可停止试验 重型:$N_{63.5}$连续 3 次锤击数超过 50,可停止试验或改用超重型动力触探 成果: (1)锤击数与深度曲线 (2)分层贯入指标平均值与变异系数
成果应用	(1)评定土的均匀性和物理性质(状态、密实度) (2)土的强度、变形参数 (3)地基承载力 (4)单桩承载力 (5)力学分 (6)检测地基处理效果	(1)力学分层 (2)评定土的均匀性和物理性质(状态、密实度) (3)土的强度、变形参数 (4)地基承载力 (5)单桩承载力 (6)检测地基处理效果
评述	分级多,修正与校准复杂,精度相对较高	分级少,修改与校正简单,精度较低

4.8 重力探测试验(WST)

4.8.1 试验目的

EN 1997-2 规定:

(1)重力探测试验旨在确定原状土对螺旋形针尖的静力贯入和/或旋转贯入的阻力。

(2)如果贯入阻力低于 1kN,则应在软土中进行静力触探式重力探测试验。如果贯入阻力超过 1kN,则应以手动或机械方式转动贯入仪,并记录贯入仪达到指定贯入深度的半转数量。连续记录深度但不回收样本。

(3)重力探测试验主要用于土层连续剖面探测,并显示地层排列顺序。即使在硬黏土和密实砂中,也能较好地贯入。

(4)重力探测试验也可用于估算粗粒土的相对密度。

(5)确定非常密实地层的深度,如揭示端承桩的入土深度。

4.8.2 具体要求

EN 1997-2 规定:

(1)应按照公认方法进行试验并报告试验情况。

(2)对偏离(1)中所述要求的情形,应证明其合理性,尤其应论述对试验结果造成的影响。

4.8.3 试验结果评估

EN 1997-2 规定:

(1)应遵照 4.2 中规定的要求评估试验结果。

(2)此外,评估试验结果时还应使用 4.8.2 (1)提到的方法中规定的现场报告和试验报告。

(3)下述因素可影响试验结果的评估:

①阻力随深度的变化取决于土层顺序的变化。

②在极软黏土至硬黏土中,阻力经常低于 1kN 或近似恒定,且每 0.2m 贯入度低于 10 个半转。

③因黏土的灵敏度也影响贯入阻力,所以在没有对场地进行校准的情况下,不能直接从贯入阻力中得出黏土的强度。

④在极松散到松散粉土和砂的沉积物中,得出了相当低且恒定的贯入阻力。

⑤在中等密实到密实的粉土和细砂中,得出较高(每贯入 0.2m 为 10 ~ 30 个半转)的阻力,阻力随深度保持近似恒定。

⑥在砂和砾石沉积物中,贯入阻力的变化幅度随粒度增大而增大。

⑦在粉砂和粗砾中,高贯入阻力并非总是对应于较高的密度或强度和变形特性。

4.8.4 试验结果和导出值的应用

EN 1997-2 规定:

(1)如果从重力探测试验结果中推导扩展基础的承载能力或沉降,则应使用解析设计法。

(2)如果使用承压强度的解析法,则可根据与重力探测承载力的相关性导出内摩擦角 φ'。

(3)上述相关性应基于与设计情形相关的类似经验。

(4)如果将调整后的弹性方法用于从重力探测试验结果中计算扩展基础的沉降,则可基于当地经验,从重力探测阻力中得出排水(长期排水)弹性模量(E')。例如,石英和长石,可从重力探测阻力中估算出内摩擦角(φ')。

(5)在粗粒土中,重力探测阻力也可用于直接估算扩展基础和桩的承载能力。

(6)在细粒土中,重力探测阻力结合当地经验,可估算土的不排水抗剪强度。

4.8.5 中欧标准差异对比

由于重力探测试验在中国应用不多,且其试验指标可由静力触探与标准贯入试验获取,因此《岩土工程勘察规范》(GB 50021—2001)中未列重力探测法。

4.9　现场十字板试验(FVT)

4.9.1　试验目的

EN 1997-2 规定：

(1)现场十字板试验旨在测量安装在软土中的十字板对原位转动的抗力,从而确定不排水抗剪强度和灵敏度。

(2)现场十字板试验也可用于确定硬黏土、粉土和冰川黏土的不排水抗剪强度。试验结果的可靠性随着土类型的不同而变化。

(3)大幅度转动十字板,使沿着破坏面的土处于完全重塑状态后,可测量重塑抗剪强度值并可计算土的灵敏度。

4.9.2　具体要求

EN 1997-2 规定：

(1)应按照 EN ISO 22476-9 中给出的要求进行试验并报告试验情况。

(2)对任何偏离 EN ISO 22476-9 中规定的情形,应证明其合理性,尤其应论述其对试验结果造成的影响。

4.9.3　试验结果评估

EN 1997-2 规定：

(1)除 4.2 中规定的要求外,评估时还应利用 EN ISO 22476-9 所述的现场报告和试验报告。

(2)利用其他现场试验结果,如通过 CPT、SPT、WST 或 DP 得出的结果。

4.9.4　试验结果和导出值的应用

EN 1997-2 规定：

(1)如果基于现场十字板试验结果推导出扩展基础的承载力、桩的极限抗压或抗拉承载力,或斜坡的稳定性,则应应用解析设计法。

(2)为了从现场十字板试验结果中得出不排水抗剪强度的导出值,应基于下式修正试验结果(c_{fv}):$c_u = \mu c_{fv}$,应基于当地经验确定修正系数μ。

(3)现有修正系数,通常与液限、塑性指数、有效竖向应力或固结度有关。

现场十字板试验在中国和欧洲国家均应用较多,主要用于测定软土的不排水抗剪强度与残余强度。欧洲标准用不排水抗剪强度推算地基承载力与桩的极限承载力,而中国标准对现场十字板试验成果应用也非常广泛。例如,GB 50021—2001 中 10.6 关于现场十字板试验成果的分析包括下列内容：

(1)计算各试验点土的不排水抗剪峰值强度、残余强度、重塑土强度和灵敏度。

(2)绘制单孔现场十字板试验土的不排水抗剪峰值强度、残余强度、重塑土强度和灵敏度随深度的变化曲线,需要时绘制抗剪强度与扭转角度的关系曲线。

(3)根据土层条件和地区经验,对实测的十字板不排水抗剪强度进行修正。

(4)现场十字板试验成果可按地区经验,确定地基承载力、单桩承载力,计算边坡稳定性,判定软黏性土的固结历史。

4.9.5 中欧标准差异对比

表4-4列出中欧标准中关于现场十字板试验的主要内容,以示对比。

中欧标准中关于现场十字板试验主要指标对比 表4-4

项目	EN 1997-2	GB 50021—2001
参考标准（资料、手册）	EN ISO 22476-9	TB 10018—2018,《工程地质手册》(第五版)
适用范围	饱和软黏土,有时也用于硬土	Ⅰ型:饱和软黏土,Ⅱ型:淤泥
探头规格	H:板高80~200mm D:板直径40~100mm $D:H=1:2$ s:刃厚0.8~3.0mm d:探杆直径	H:板高,Ⅰ型100mm,Ⅱ型150mm D:板直径,Ⅰ型50mm,Ⅱ型75mm $D:H=1:2$ s:刃厚,Ⅰ型2mm,Ⅱ型3mm d:探杆直径,Ⅰ型13mm,Ⅱ型16mm
测量指标	$T_{max,u}$为作用在十字板的最大力矩	机械式:R_y、R_g分别为原状土剪损和轴杆与土摩擦时量表最大读数(0.01mm) 电阻式:R_y为未扰动土剪损时最大微应变值($\mu\varepsilon$)
成果	$c_{fv}=0.273\frac{T_{max,u}}{D^3}$ 式中,D为板头直径 $c_u=\mu c_{fv}$ 式中,μ为修正系数	机械式:$c_u=KC(R_y-R_g)$ 电阻式:$c_u=K\xi R_y$ 式中,各参数含义见《工程地质手册》(第五版)
成果应用	(1)计算不排水抗剪强度 (2)地基承载力 (3)单桩承载力 (4)计算边坡稳定性	(1)计算不排水抗剪强度 (2)地基承载力 (3)单桩承载力 (4)计算边坡稳定性 (5)判定软黏土的固结历史
评述	采用国际标准,修正与校准复杂,精度相对较高,结果具有可比性	测力原理不同,但计算简单,可操作性强,结果可比性较差

4.10 扁铲侧胀试验(DMT)

4.10.1 试验目的

EN 1997-2规定:

(1)扁铲侧胀试验旨在通过使平齐安装在叶片状钢探头(垂直插入地面内)一面上的圆形薄钢膜膨胀,来确定土的原位强度和变形特性。

(2)本试验包括测量钢膜与叶片齐平并刚开始移动时的压力,以及钢膜中心处位移达到土内1.10mm时的压力。应在选定深度处或以半连续方式进行本项试验。

(3)扁铲侧胀试验结果可用于得出有关土地层、现场应力状态、变形特性和抗剪强度的信息。

(4)扁铲侧胀试验应主要用于粒度小于钢膜尺寸的黏土、粉土和砂。

4.10.2 具体要求

EN 1997-2规定:

(1)应按照现有的方法进行试验并报告试验情况。

(2)对任何偏离(1)中所述方法给出的要求的情况,应证明其合理性,尤其应论述其对试验结果造成的影响。

4.10.3 试验结果评估

EN 1997-2 规定:

(1)应遵照4.2中给出的要求来评估试验结果。

(2)此外,评估时还应利用4.10.2 (1)中提到的方法,根据现场报告和试验报告进行结果评估。

4.10.4 试验结果和导出值的应用

4.10.4.1 扩展基础的承载力和沉降

(1)如果从扁铲侧胀试验结果中推导出扩展基础的承压强度,则应使用解析设计法。

(2)如果使用解析设计法,则可使用如下关系来确定未固结黏土(扁铲侧胀试验结果显示材料指数 $I_{DMT}<0.8$)的不排水抗剪强度(c_u)的导出值:

$$c_u = 0.22\,\sigma'_{v0}(0.5\,K_{DMT})^{1.25} \tag{4-10}$$

式中:K_{DMT}——水平应力指数或其他任何基于当地经验得到证明的关系。

(3)如果使用调整后的弹性方法,则可使用从扁铲侧胀试验结果中得出的一维正切模量(E_{oed})的值来计算扩展基础的一维沉降。在细粒土中,上述方法应只适用于有效上覆土层压力和地基荷载引起的应力增量的总和低于先期固结压力的情况。

4.10.4.2 桩的承载力

EN 1997-2 规定:

如果从扁铲侧胀试验结果中推导出桩的极限抗压或抗拉承载力,则解析计算法应适用于推导桩端和桩侧阻力值。

4.10.5 中欧标准差异对比

扁铲侧胀试验是岩土工程勘察的一种新兴原位测试方法。中欧标准中的规定与要求基本相同,但测试结果的应用有较大差异。欧洲标准用于计算扩展基础的地基承载力(用不排水抗剪强度 c_u)与桩基承载能力,而中国标准尚未提及这方面的应用,但一些参考手册中有所涉及,如《工程地质手册》(第五版)将扁铲试验成果用于:

(1)用 I_D(材料指数)划分土的类别。

(2)用 K_D(水平应力指数)计算静止侧压力系数。

(3)用 K_D计算 OCR(超固结比)。

(4)用 K_D计算不排水抗剪强度。

(5)用 E_D(侧胀模量)计算土的压缩模量、弹性模量。

(6)计算水平固结系数。

(7)计算水平基床系数。

(8)推算地基承载力。

(9)判别土液化。

其中大部分引用国外文献,可见中国对扁铲侧胀试验的经验积累不足。

4.11 平板载荷试验(PLT)

4.11.1 试验目的

EN 1997-2 规定:

(1)平板载荷试验旨在通过记录模拟地基的刚性板对地面加载时的荷载和相应的沉降,从而确定现场土体和岩体的竖向变形和强度特性。

(2)应在完全水平且未扰动的平面上进行平板载荷试验,要么在地平面上,要么在特定深度处的挖方底部或大直径钻孔、探孔、坑道底部处进行试验。

(3)本试验适用于所有土类、填土和岩石,但通常不应用于非常软的细粒土中。

4.11.2 具体要求

EN 1997-2 规定:

(1)应按照 EN ISO 22476-13 的规定进行试验并报告试验情况。

(2)对任何偏离 EN ISO 22476-13 中规定的情况,应证明其合理性,尤其应论述其对试验结果造成的影响。

4.11.3 试验结果评估

EN 1997-2 规定:

除4.2 中规定的要求外,评估时还应利用 EN ISO 22476-13 中所述的现场报告和试验报告。

4.11.4 试验结果和导出值的应用

EN 1997-2 规定:

(1)平板载荷试验结果可用于预测扩展基础的性能。

(2)为了推导出均匀地层(间接设计方法中使用)的岩土工程参数,平板下方的地层厚度应至少为平板宽度或直径的 2 倍。

(3)可能仅在下述情形下将平板载荷试验结果用于直接设计方法:

①选择板的尺寸时考虑了规划扩展基础的宽度(在此情况下,直接转换观测结果)。

②存在均匀地层,其厚度为规划扩展基础宽度的两倍(如果是更小尺寸的平板,则不考虑规划基础宽度,用于在经验的基础上将结果转换为实际基础尺寸)。

(4)如果使用解析设计法确定承载能力,则可从特定的平板载荷试验中推导出不排水抗剪强度(c_u)。在此试验中,贯入速度恒定且足够快,从而在实际中阻挡任何排水。

(5)如果使用调整后的弹性方法进行沉降评估,则可基于确认的经验,通过板的沉降模量(E_{PLT})推导出弹性模量(E)。

(6)可通过逐级加载试验结果推导出用于计算变形的地基反力系数(k_s)。

(7)对于直接设计,可在不使用任何岩土工程参数的情况下,将平板载荷试验结果直接转移到地基问题上。

(8)可通过平板载荷试验结果推导出砂层中基础的沉降。

平板载荷试验,可用于测定承压板下应力主要影响范围内岩土的承载力和变形模量。浅层平板载荷试验适用于浅层地基土;深层平板载荷试验适用于深层地基土和大直径桩的桩端土;螺旋板载荷试验适用于深层地基土或地下水水位以下的地基土。深层平板载荷试验的试验深度不应小于 3m。中欧标准都用于确定地基承载力、计算地基土的变形模量与推算基床系数。

中国标准与欧洲标准不同之处在于中国标准直接利用 p-s 试验曲线确定地基承载力特征值 f_k，经尺寸与埋深修正后得到地基承载力设计值；而欧洲标准是利用试验结果推算出土体不排水抗剪强度，而后由理论公式计算地基承载力。

EN 1997-2 中使用下式确定 c_u：

$$c_u = \frac{p_u - \gamma_z}{N_c} \tag{4-11}$$

式中：p_u——实测极限压力(kPa)；

γ_z——试验平面上的总应力(kPa)；

N_c——承载力系数，对于圆形板，浅层平板载荷试验取 6，对于深度大于 4 倍板直径或板宽的载荷试验取 9。

中国标准没有这种计算方式，其他关于沉降模量的计算式相同。

需要注意的是，对于深层钻孔平板载荷试验，当计算沉降模量时，需乘以深度修正系数 C_z。

4.12 本章小结

本章既是 EN 1997-2 的主要内容，也是《岩土工程勘察规范》(GB 50021—2001)中的重要内容。欧洲标准列出 9 种原位测试试验，而中国《岩土工程勘察规范》(GB 50021—2001)则列出 11 种原位试验。其中，大部分试验的试验目的、内容、方法与测量指标以及其应用范围，中欧标准基本相同，但由于所用仪器规格型号或计算原理存在差异，导致中欧标准存在诸多方面的差异，现归纳如下：

(1)中欧标准所列原位试验名称与试验指标对比，见表 4-5。

中欧标准关于原位试验名称与试验指标对比　　表 4-5

EN 1997-2		GB 50021—2001	
试验名称	试验结果	试验名称	试验结果
静力触探试验 孔压静力触探试验	• 锥头贯入阻力(q_c) • 局部单位侧摩阻力(f_s) • 摩阻比(R_f)	静力触探试验 孔压静力触探试验	• 比贯入阻力(p_s) • 锥头贯入阻力(q_c) • 侧摩阻力(f_s)
	• 修正后的锥头贯入阻力(q_t) • 局部单位侧摩阻力(f_s) • 孔隙水压力(u)		• 修正后的锥头贯入阻力(q_t) • 局部单位侧摩阻力(f_s) • 孔隙水压力(u) • 导出孔隙水压力系数(B_q)
动力触探试验	• 如下试验的锤击数 N_{10}：轻型动力触探、中型动力触探、重型动力触探 • 超重型动力触探试验的锤击数 N_{10} 或 N_{20}	动力触探试验	• 轻型试验(贯入 30cm)锤击数 N_{10} • 重型试验(贯入 10cm)锤击数 $N_{63.5}$ • 超重型试验(贯入 10cm)锤击数 N_{120}
标准贯入试验	• 锤击数 N • 能量修正 E_T • 土层描述	标准贯入试验	• 贯入 30cm 的锤击数 N • 修正锤击数 N' • 土层描述
旁压试验	• 旁压模量(E_M) • 蠕变压力(p_f) • 极限压力(p_{LM}) • 膨胀曲线	旁压试验	• 旁压模量(E_M) • 初始压力(p_0) • 临塑压力(p_f) • 极限压力(p_L)

续上表

EN 1997-2		GB 50021—2001	
试验名称	试验结果	试验名称	试验结果
柔性膨胀试验	• 膨胀模量(E_{FDT}) • 变形曲线	现场直剪试验	• 剪切应力-位移曲线 • 导出比例强度、屈服强度、峰值强度、残余强度 • 导出强度参数 c,φ
现场十字板试验	• 不排水抗剪强度(未修正)(c_{fv}) • 重塑不排水抗剪强度(c_{rv}) • 扭矩－转动曲线	现场十字板试验	• 不排水抗剪强度(c_u) • 重塑不排水抗剪强度(c'_u)
重力探测试验	• 重力探测阻力的连续记录 • 重力探测阻力 • 标准荷载的贯入深度 • 标准荷载为 1kN 时每贯入 0.2m 所需的半转数	波速测试试验	• 根据振源与测点距离、实测时间,计算波速 • 导出动弹性模量、动剪切模量与动泊松比
平板载荷试验	• 极限接触压力(p_u) • 导出不排水抗剪强度(c_u) • 导出弹性模量(E) • 导出地基反力系数(k_s)	平板载荷试验	• p-s 曲线 • 极限压力(p_u) • 导出弹性模量(E_0) • 导出地基反力系数(K_v)
扁铲侧胀试验	• 修正过的初始侧压力(p_0) • 修正过的 1.1mm 处的侧压力(p_1) • 侧胀模量 E_{DMT}、材料指数(I_{DMT})和水平应力指数(K_{DMT})	扁铲侧胀试验	• 修正过的初始侧压力(p_0) • 修正过的 1.1mm 处的侧压力(p_1) • 侧胀模量 E_D、材料指数(I_D)和水平应力指数(K_D)
		岩体原岩应力测试	• 根据实测应变与位移,计算平面应力与空间应力 • 绘制压力-应变资料,计算弹性常数
		激振法测试	• 强迫振动的幅频响应曲线 • 自由振动的波形图 • 导出地基刚度系数、阻尼比与参振质量

从表 4-5 中可以看出,欧洲标准使用的重力探测试验(WST),中国标准没有列出,因为其功能基本可用标准贯入试验和重力触探试验取代;柔性膨胀试验,中国使用不多,规范中也未列出。而中国标准中列出的其他原位试验(如直剪、原岩应力测试、波速测试、激振等试验),EN 1997-2 中没有列出。

(2)静力触探试验探头规格有差异,所测指标相同,但导出值计算公式不同,如不排水抗剪强度 c_u、侧向压缩模量等的计算均采用经验式。当计算地基承载力、桩基承载力时,欧洲标准是通过 c_u 导出相应值,而中国标准则根据相关经验曲线导出。

(3)关于标准贯入试验、平板载荷试验,中欧标准基本一致。

(4)欧洲标准把动力触探试验分为五级:轻型、中型、重型、超重型 A 和超重型 B;中国标准只有三级:轻型、重型和超重型。主要差异在于欧洲标准分级细,而且精度要求高,但适用范围小;中国标准分级少,精度相对较差,但适用范围更大。

(5)旁压试验和扁铲侧胀试验在欧洲使用较广泛,积累经验丰富,而在中国这两个试验用得相对较少,经验也不够丰富,因此中国标准中并未详细介绍这方面的内容,所用参数与公式也基本上引用国外文献资料。

第5章 岩土室内试验

5.1 概述

EN 1997-2 规定：

(1)应根据场地勘察方案制订室内试验方案。

(2)应结合现场试验和探测信息选择试样。

5.2 室内试验的一般要求

5.2.1 一般要求

EN 1997-2 规定：

(1)本章给出的要求应视为最低限度的要求。

(2)若场地条件或岩土工程技术合适，则要求给出附加规程、附加规定要求或附加说明。

(3)应规定用于确定设计所需参数的试验细则。

5.2.2 试验程序、试验设备和试验说明

EN 1997-2 规定：

(1)应按照现有 EN 和 EN ISO 文件的规定进行试验并报告试验情况。

(2)如果满足本标准的要求，则可选择备用试验方法和程序。

(3)应检查所用设备，检查内容包括台套数是否满足要求、是否适用于试验目的、是否经过校准并符合校准要求。

(4)应将试验结果与类似岩土的数据进行对比，以检查试验设备和程序的可靠性。

(5)试验方法和程序应与试验结果一起报告。应报告任何偏离于标准试验程序的情况，并论证其合理性。

(6)应提交土的分类，同时提交包含所有土层说明和分类的剖面图。

(7)应在相同的图上标明其他试验(如固结试验和三轴试验)的位置。

5.2.3 试验结果评估

EN 1997-2 规定：

(1)应满足 6.3 中给出的室内试验结果评估要求。

(2)应将各单项试验结果与其他试验结果对比,从而验证数据之间是否存在矛盾。

(3)应通过现有文献中的值、指标特性的相关性和经验的可比性来检查试验结果。

本章内容对应中国标准主要有:GB/T 50123—2019、GB/T 15406—94、GB/T 50266—2013、JTG E40—2007 和 JTG E41—2005。中欧相关标准对试验室试验的一般要求基本相同。例如,JTG E40—2007 的总则包括如下陈述:

(1)1.0.3 各项工程应编制合理的试验方案,采集代表性的试样,测算准确的数据和进行正确的资料分析整理,为设计和施工提供反映实际情况的各种土性指标。

(2)1.0.4 土工试验资料的分析整理按附录 A 进行,通过对样本(试验测得数据)的研究,来估计总体(土体单元)的特征及其变化的规律性。

(3)1.0.5 土工试验检测报告,对不同类型和级配特征的土,应提供土的基本颗粒级配、液限和塑限指标;对于特殊土,还应提供描述特殊土基本特征的试验测试指标。

相对而言,欧洲标准对数据的整理与报告内容更为详细与严格。例如,资料整理时应绘出地层剖面图,并标明各类试验取样点位置;试验结果评估要求相关各类试验数据相互对比分析以验证是否出现矛盾,将试验结果与文献资料对比分析以验证测试数据的可靠性等。中国标准均未见有类似规定。

总体而言,中欧标准显著的差异在于,欧洲标准强调资料的相互验证,从地层描述、现场取样,到样品保护、储运,再到试件的截取、试验过程中的各种现象描述,以至试验结果的分析、评估,到最终报告的形成与提交,均具备良好的信息传递与交流,保证结果的准确性与一致性。而中国标准虽有类似要求,但实际操作时,由于分工的不同,各环节人员缺乏沟通,盲目硬性套用标准,往往室内试验人员根本不知现场实际情况,试验结果仅几个硬性数据,报告撰写人员也不到现场考察、验证,导致数据评估时针对性不强,最终实施时出现较大误差。

5.3 试验用土样的制备

5.3.1 试验目的

EN 1997-2 规定:

(1)制备试样用土尽可能代表取样土。

(2)土样宜分为五类:扰动试样、原状试样、再压实试样、重塑试样和重制试样。

5.3.2 具体要求

5.3.2.1 用土量

EN 1997-2 规定,试验用土样量应足够大,以考虑:①有效土体中存在的最大颗粒;②自然特性,如结构和构造(如不连续性)。

5.3.2.2 处理与加工

EN 1997-2 规定:

(1)应遵循 EN ISO 22475-1 的要求。

(2)所有样本应清晰明显地贴上标签。

(3)应始终保护土样,防止其受损、劣化和出现温度变化过大。应特别注意原状试样,防止试样在制备期间产生畸变并损失水分。取样容器所用的材料不应与内装的土发生反应。

(4)如果水分损失会影响试验结果,则试验前不得使土变干。

(5)应在控制湿度的条件下制备原状试样。如果试样在制备过程中受到干扰,则应防止试样的含水率发生变化。

(6)如果应用了分解工艺,则应避免单个土颗粒的分解。如果要求对黏结土和胶结土进行特殊处理,则应对此作出规定。

(7)细分方法应确保获取试样的代表性部分,同时避免大颗粒分离。

中国相关标准主要对原状试样与扰动试样的制备作专门规定,其他重塑、再制试样的要求,分别在相关试验的条款中说明。其他要求基本与欧洲标准相同。例如,《公路土工试验规程》(JTG E40—2007)第4章对土样的采集、运输和保管,土样和试样的制备有严格要求,其要求不低于欧洲标准。

5.4　试验用岩样的制备

5.4.1　试验目的

EN 1997-2 规定:

制备试验用岩样尽可能代表岩层构造。

5.4.2　具体要求

EN 1997-2 规定:

(1)对于如何制备岩样应作出规定。如果无法满足这些规定,则应以尽可能符合规定的方式制备试样,并且应报告试样的制备程序。

(2)用于确定端面的竖直度、平整度和垂直度的所有仪器和装置,应定期校验,使其公差至少满足特定岩石试验的要求。

(3)应规定下述各项:

①岩样的存放条件(短期和/或长期存放)。

②试验时试样的水分状况。

③制备岩芯试样的方法。

④确定尺寸和形状公差的方法。

(4)应避免含水率发生任何变化。如果天然含水率发生变化,则应消除其影响。

(5)应报告任何含水率变化的原因和影响。

(6)应参考取岩芯方法、涂抹的冷却剂与试样再饱和,确定是否需重新获取规定尺寸的岩芯。

(7)除特定试验的数据和结果外,还应记录并报告如下内容:

①试样来源,包括深度/层面和空间定位。

②试样制备和试验的日期。

③有关试样代表性的论述。

④所有尺寸和形状测量结果,包括是否符合标准要求。

⑤样本/试样的含水率(采收后、制备过程中、饱和时的含水率)。

⑥干燥条件(风干或烘干、增压或部分真空干燥)。

(8)判读试验结果时,应给出如下样本信息:

①试样的物理性质描述,包括岩石类型(如砂岩、石灰岩、花岗岩等)、岩石内在结构特征和不连续性的位置和方向,以及夹杂物或非均质性。

②试样简图或非单一均质岩类的彩色照片。

③岩芯采取率和岩石质量指标。

④对试样的直柱形态相对于岩芯轴的端承面的平直度以及端面的垂直度的偏差而进行的

公差检验的证明资料。

关于岩样的采集、保存与制备,相对而言欧洲标准更为详细。中国标准没有单独规定通用的原则性要求,各类试验对试件的要求分别列入具体试验条款之中。例如,JTG E41—2005 中 T 0204—2005 关于毛体积密度试验对试件制备的要求:

(1)3.1　量积法试件制备,试件尺寸应符合本规程 T 0221 中 3.1 的规定。

(2)3.2　水中称量法试件制备,试件尺寸应符合下列规定:试件可采用规则或不规则形状,试件尺寸应大于组成岩石最大颗粒粒径的 10 倍,每个试件质量不宜小于 150g。

(3)3.3　蜡封法试件制备,试件尺寸应符合下列规定:将岩样制成边长 40 ~ 60mm 的立方体试件,并将尖锐棱角用砂轮打磨光滑;或采用直径为 48 ~ 52mm 圆柱体试件。测定天然密度的试件,应在岩样拆封后,在设法保持天然湿度的条件下,迅速制样、称量和密封。

(4)3.4　试件数量,同一含水状态,每组不得少于 3 个。

关于试验报告的内容与试验结果的判读,欧洲标准更为具体,并要求综合能力很强。在中国,由于工作方式的不同,可能设计、取样、试验分别由不同的人员完成,每一环节不具备良好的信息传递与交流,最终报告难以达到准确综合评判的效果。

5.5　土的分类、鉴定和描述试验

5.5.1　概述

EN 1997-2 规定,应按照 EN ISO 14688-1 和 EN ISO 14688-2 的规定对土进行分类、鉴定和描述。

5.5.2　所有分类试验的要求

EN 1997-2 规定,对于所有分类试验,选择烘干温度时应特别注意,过高的温度会对测定值造成不利影响。

EN ISO 14688-2 中关于土的分类与定名与中国标准有较大差异:

EN ISO 14688-2 中关于土的分类与定名见表 5-1。

土的分类　　表 5-1

组别	颗粒级配	定名
巨粒土	粒径大于 200mm 的颗粒质量超过总质量的 50%	漂石
	粒径大于 63mm 的颗粒质量超过总质量的 50%	卵石
粗粒土	粒径大于 2mm 的颗粒质量超过总质量的 50%	砾砂
	粒径大于 0.063mm 的颗粒质量超过总质量的 50%	砂
细粒土	低塑性膨胀	粉土
	塑性无膨胀	黏土

GB 50021—2001 中土的分类与定名为:

粒径大于 2mm 的颗粒质量超过总质量的 50% 的土,应定名为碎石土,并按表 5-2 进一步分类。

碎石土分类　　表 5-2

土的名称	颗粒形状	颗粒级配
漂石	圆形及亚圆形为主	粒径大于 200mm 的颗粒质量超过总质的量的 50%
块石	棱角形为主	
卵石	圆形及亚圆形为主	粒径大于 20mm 的颗粒质量超过总质量的 50%
碎石	棱角形为主	
圆砾	圆形及亚圆形为主	粒径大于 2mm 的颗粒质量超过总质量的 50%
角砾	棱角形为主	

粒径大于2mm 的颗粒质量不超过总质量的50%，粒径大于0.075mm 的颗粒质量超过总质量的50%的土，应定名为砂土，并按表5-3 进一步分类。

砂土分类 表5-3

土的名称	颗粒级配
砾砂	粒径大于2mm 的颗粒质量占总质量的25%～50%
粗砂	粒径大于0.5mm 的颗粒质量超过总质量的50%
中砂	粒径大于0.25mm 的颗粒质量超过总质量的50%
细砂	粒径大于0.075mm 的颗粒质量超过总质量的85%
粉砂	粒径大于0.075mm 的颗粒质量超过总质量的50%

注：定名时应根据颗粒级配由大到小最先符合者确定。

粒径大于0.075mm 的颗粒质量不超过总质量的50%，且塑性指数等于或小于10 的土，应定名为粉土，塑性指数大于10 的土应定名为黏性土。

黏性土应根据塑性指数分为粉质黏土和黏土。塑性指数大于10，且小于或等于17 的土，应定名为粉质黏土，塑性指数大于17 的土应定名为黏土。

中欧标准中，土的鉴定与描述也存在差异。EN ISO 14688-1 给出土的鉴别与描述的流程图，如图5-1 所示。

除土的分类标准有差异外，欧洲标准中土的描述基本与中国标准相近。

5.5.3 含水率测定

5.5.3.1 试验目的和要求

EN 1997-2 规定：

(1)试验目的在于确定土的含水率。含水率为游离水质量与干土质量之比。

(2)用于测量含水率的土样应至少为3.4 节所述的3 级质量。

(3)如果样本含有一种以上的土类型，则应分别测定含水率。

5.5.3.2 试验结果评估

EN 1997-2 规定：

(1)评估试验结果时，应考虑是否存在大量石膏、高有机质土、内部孔隙水含有溶解固体的物质以及含有密闭孔隙水的土。

(2)应检查室内试验“采集”土样实测含水率代表“现场”值的程度。进行评估时，应考虑取样方法、运输和处理、试样制备方法以及室内试验环境的影响。

(3)对于(1)中所述土样，与通常规定的(105±5)℃相比，50℃左右的干燥温度可能更为合适，但是，应慎重考虑测试结果。

GB/T 50123—2019 中关于含水率的测定与上述欧洲标准的不同点是：欧洲标准对于一般土烘干温度控制在(105±5)℃范围内，有机质土烘干温度控制在50℃左右；而GB/T 50123—2019 则对一般土烘干温度控制在105～110℃范围内，有机质土烘干温度控制在65～70℃范围内。

5.5.4 体积密度测定

5.5.4.1 试验目的和要求

EN 1997-2 规定：

(1)本试验用于确定土(包括含有的任何液体或气体)的体积(总)质量密度。

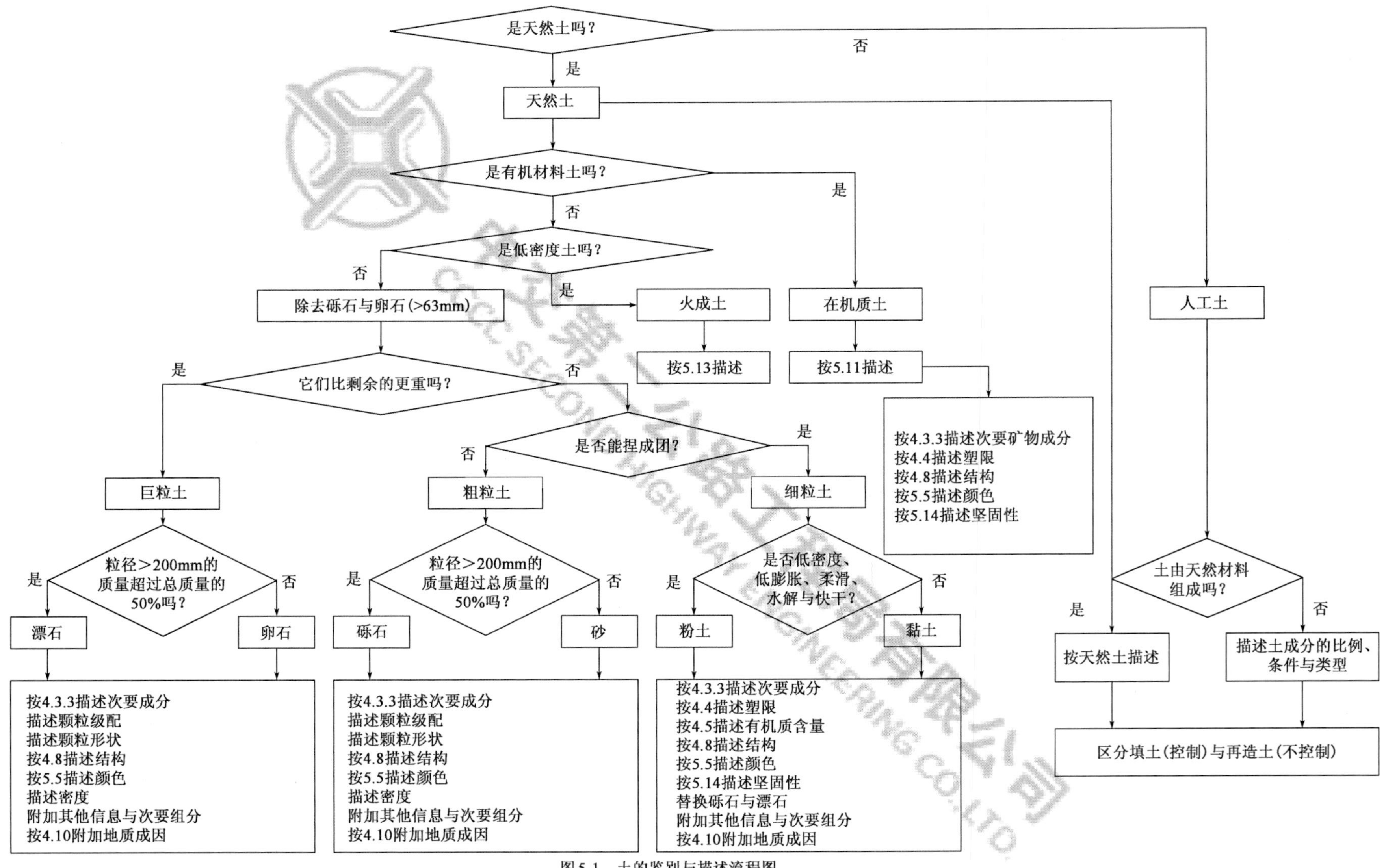

图5-1　土的鉴别与描述流程图

注：图中的序号请参考EN ISO 14688-1相关章节。

(2)试样应至少为3.4节所述的2级质量。

(3)应规定拟用的试验方法。

5.5.4.2 试验结果的评估和应用

EN 1997-2 规定:

(1)评估试验结果时应考虑可能出现的样本扰动。

(2)除采用特殊取样方法外,室内试验测定的粗粒土的密度通常仅为近似值。

(3)体积密度可用于确定土的作用设计值,并用于处理其他室内试验的结果。

(4)体积密度也可用于评估土的其他特征。例如,与含水率结合,计算干土的密度等。

GB/T 50123—2019 中关于土的体积密度的测定给出两种方法:环刀法、蜡封法。其中,环刀法用于测定细粒土的体积密度,蜡封法用于测易破裂土和形状不规则的坚硬土。其他与欧洲标准基本相同。

5.5.5 颗粒密度测定

5.5.5.1 试验目的和要求

EN 1997-2 规定:

(1)通过常规方法确定固体土颗粒的密度。

(2)选择试验方法时应考虑土的类型。

5.5.5.2 试验结果评估

EN 1997-2 规定:对于特殊的地层,如果颗粒密度的测定值不在通常预计的 2500 ~ 2800kg/m^3 范围内,则应检查土矿物、土有机质以及土的地质成因。

GB/T 50123—2019 中关于颗粒密度的测定也有三种方法:比重瓶法、浮称法和虹吸筒法。其中,比重瓶法适用于粒径小于5mm 的各类土,浮称法和虹吸筒法适用于粒径大于或等于5mm 的各类土。

5.5.6 粒度分析

5.5.6.1 试验目的和要求

EN 1997-2 规定:

(1)确定土中单一粒度范围的质量百分比。

(2)根据颗粒大小,粒度分析时应使用两种方法:

①对于粒度 >63μm 的颗粒(或可用的最密集筛),使用筛分法。

②对于粒度≤63μm 的颗粒(或可用的最密集筛),使用比重计或移液管沉降法。

(3)可应用等效法,但前提是对照(2)中两种方法进行校准。

(4)沉降前,不应干燥细粒土试样。

(5)应在筛分和沉降前去除有机物、盐和碳酸盐,或为了考虑碳酸盐、盐和有机物存在的影响而进行修正。

(6)对于某些土(如白垩质土),应考虑到为去除碳酸盐而进行的处理是不合适的。

5.5.6.2 试验结果的评估和应用

EN 1997-2 规定:

(1)应报告下述内容:①所用的干燥方法;②是否已经去除有机物、盐和碳酸盐,以及采用什么方法去除;③碳酸盐和/或有机物含量;④是否相对总质量(包括碳酸盐和有机物)报告质量百分率。

(2)D_n表示小于某粒径的土粒质量占总质量的 $n\%$ 时所对应的粒径。粒径 D_{10}、D_{30}和 D_{60}可用于确定均匀系数和曲率系数。

(3)土的筛分标准中用到粒径 D_{15}和 D_{85}。

中欧标准对粒径分析的差异仍然体现在粒径尺寸上,EN 1997-2 以粒径 0.063mm 作为黏粒与砂粒的界限值,而中国标准则以 0.075mm 作用为界限值。其他关于方法的选用与粒径参数,中欧标准基本相同。

5.5.7 稠度极限测定

5.5.7.1 试验目的和要求

EN 1997-2 规定:

(1)稠度极限(阿太堡限度)包括液限、塑限和缩限。本标准只涉及液限和塑限的测定。

(2)稠度极限以特征化的方式表示含水率发生变化时黏土和粉砂土的性能。黏土和粉砂土的分类主要基于稠度极限。

(3)应对确定液限(落锥或卡氏液限仪)的试验方法做出规定。

(4)通常确定液限,应优先选用落锥法而非卡氏法。落锥法得出的结果更为可靠,尤其对于低塑性土。

(5)如果试验结果能表示现场土的特性,试样应至少为 3.4 节所述的 4 级质量。

5.5.7.2 试验结果的评估和应用

EN 1997-2 规定:

(1)可从液限或塑限的相关性导出岩土工程特性,如压缩性或最佳含水率。

(2)可根据液限和塑限计算塑性指数 I_P的值。I_P可用于土的分类,以及某些相关的岩土工程特性,如土的强度。

(3)可根据液限和塑限以及土的含水率计算稠度指数 I_C(或液性指数 I_L)。

(4)可根据 I_P和黏土颗粒的百分比计算活性指数 I_A。

中欧标准关于界限含水率的测定方法与要求基本相同。仅有的差异是欧洲标准只给出液限与塑限的测定方法,而 GB/T 50123—2019 还介绍了滚搓法测定塑限,收缩皿法测定缩限。

5.5.8 粒状土相对密度测定

5.5.8.1 试验目的和要求

EN 1997-2 规定:

(1)相对密度表示土样孔隙比与标准室内试验方法中得出的基准值的关系。相对密度表示自由排水粒状土的压实状态。

(2)应规定或检查下述各项:

①样本的数量和质量。

②拟采用的试验程序。

③试样的制备方法。

(3)土试样应含有少于 10% 的细粒(过 0.063mm 筛的颗粒)和少于 10% 的砾石(留在 2mm 筛上的颗粒)。

(4)应连同颗粒分析结果、天然含水率、颗粒密度以及粗颗粒百分率一起报告相对密度试验结果;应报告任何偏离于(3)中规定的情况。

5.5.8.2 试验结果的评估和应用

EN 1997-2 规定：

(1)评估相对密度时，应考虑到室内试验中测出的最大密度和最小密度不一定代表极限密度。普遍认为，试验得出的密度的变异性较大。

(2)相对密度可用于表示粗粒土的抗剪强度和压缩性。

GB/T 50123—2019 中关于砂的相对密度试验的一般规定：本试验方法适用于粒径不大于5mm 的土，且粒径 2 ~ 5mm 的试样质量不大于试样总质量的 15%。砂的相对密度试验是进行砂的最大干密度和最小干密度试验；砂的最小干密度试验宜采用漏斗法和量筒法，砂的最大干密度试验采用振动锤击法。

5.5.9 土分散性的测定

5.5.9.1 试验目的

EN 1997-2 规定：

(1)本试验旨在鉴定黏质土的分散性。对土进行工程性分类的标准试验无法鉴定土的分散性。黏质土分散性主要与堤坝、矿物密封材料以及其他接触水的岩土工程结构相关。

(2)考虑如下四类试验：

①针孔试验，该试验模拟沿裂缝流动的水的作用。

②双比重计试验，该试验将无机械搅动的淡水中黏土颗粒的分散性与应用分散剂溶液和机械搅动而得出的分散性做比较。

③碎块试验，该试验显示了置于氢氧化钠稀释液中的土碎块的性能。

④孔隙水中可溶盐的测定，测定时考虑钠的百分比含量与饱和提取液中总溶解盐的相关性。

5.5.9.2 具体要求

EN 1997-2 规定：

(1)应对如下各项作出规定：

①样本存放，确保样本不会在试验前变干。

②拟采用的试验程序。

③试样制备方法。

(2)应将分散性试验结果与样本的粒径分布和稠度极限联系起来。

(3)对于针孔试验，应规定土样的压实条件。例如，最佳潮湿或干燥状态，并规定拌和用水(如蒸馏水与热储水)的配比。

(4)对于双比重计试验，如果发现有必要研究热水对悬浮土的影响，则可规定进行第三支比重计试验。

(5)对于碎块试验，除氢氧化钠溶液外，可能还会要求使用蒸馏水。

GB/T 50123—2019 与 JTG E40—2007 中均无与土分散性完全对应的参数试验。反映土遇水发生崩解特性的试验，JTG E40—2007 中有土的湿化试验。其适用范围为粒径不大于 10mm 的土。试验结果以崩解量百分比表示。

5.5.10 霜冻敏感性测定

5.5.10.1 试验目的

EN 1997-2 规定：

(1)土的霜冻敏感性对霜冻敏感土层内冰冻层上基础的设计起关键作用。

(2)公路、机场跑道、铁路、扩展基础上的建筑物、地下管道、堤坝和其他结构会承受接近霜冻敏感土层水的冻结引起的冻胀。可利用自然状态下的霜冻敏感土,或可将其用作结构的基础。

(3)可从土分类特性(粒径分布、毛细上升高度和/或细粒含量)的相关性中,或从对天然样本、再压实样本和重固结样本或重制样本进行的试验室试验中估算出冻胀作用的风险。

5.5.10.2 具体要求

EN 1997-2 规定:

(1)如果基于土分类特性的霜冻敏感性估计未明确表明不存在冻胀作用的风险,则应在室内进行冻胀试验,包括各种粒度的有机质土、泥炭、盐渍土、人工土和粗粒土,这类土除显示与分类特性相关外,还表明是否需进行室内试验。

(2)为了确定自然状态下土的霜冻敏感性,应对天然样本进行冻胀试验。为了估计施工填土的霜冻敏感性,应对再压实试样进行冻胀试验,随后对再固结试样或重制试样进行冻胀试验。

(3)试验室中进行的霜冻敏感性试验为一种冻胀试验。如果要试验解冻弱化的风险,应在对试样解冻后进行加州承载比试验。试验前,再压实或重制试样应承受一次或一次以上的冻融循环。

5.5.10.3 试验结果评估

EN 1997-2 规定:应将试验结果判读为随着建筑工程类型、设计中使用的规定以及可用类似经验而变化,判读时要考虑冻结效应的后果。

冻胀土敏感性指标很多,欧洲标准中没有具体给出测量指标。JTG E40—2007 中关于冻土试验列出:冻土密度(浮称法、浮力法、联合测定法、环刀法和充砂法)、冻结温度、冻土导热系数、未冻含水率、冻胀率与冻土融化压缩试验等多项试验。

5.6 土和地下水的化学试验

5.6.1 所有化学试验的要求

5.6.1.1 适用范围

EN 1997-2 规定:

(1)尽管对于土木工程来说,土的具体化学成分通常意义不大,但土中存在的特定化学成分可能会起到非常重要的作用。例如,对岩土工程结构的耐久性起重要作用。

(2)在土工室内试验中进行的常规化学试验通常限于有机质含量(烧失量、总有机质含量、有机物)、碳酸盐含量、硫酸盐含量、pH 值(酸性或碱性)以及氯化物含量。EN 1997-2 只论述上述五类化学试验。

5.6.1.2 试验目的

EN 1997-2 规定:本化学试验旨在对土进行分类并评估土和地下水对混凝土、钢和土本身造成的有害影响。上述试验不针对环境相关用途。

5.6.1.3 具体要求

EN 1997-2 规定:

(1)对于所有化学试验,应规定如下要求:

①拟测试样本。

②拟测试的样本数量。

③拟用的试验程序。

④预处理，包括对超大颗粒（即 $D > 2\text{mm}$）的处理。

⑤对每一地层进行的试验次数以及重复试验次数。

⑥为确定平均值而进行的单独试验次数。

⑦报告格式。

⑧每项试验或系列试验要求的附加分类试验。

(2)为避免出现不一致的结果，应严格遵照混合、打磨和四分法等对应程序。

(3)扰动土样可用于化学试验，但其粒径和含水率需要代表现场条件（1～3级质量）。

(4)为确定有机质含量，仅需粒径分布具有代表性（4级质量）。

5.6.1.4　试验结果评估

EN 1997-2 规定：

(1)应连同地质描述和主要环境一起审核试验结果。

(2)在适当的时候，应考虑根据测得的参数进行的公认分类。

5.6.2　有机质含量测定

5.6.2.1　试验目的

EN 1997-2 规定：

(1)有机质含量测定试验用于对土进行分类。对于含有非常少或不含黏土颗粒和碳酸盐的土，经常从受控温度下的烧失量中确定出有机质含量；也可应用其他合适的试验。例如，可从利用过氧化氢（H_2O_2）进行处理后的质量损失中得出有机质含量，此方法提供了一种更加详细且精确的有机质测量。

(2)有机物的存在会对土的工程特性造成不良影响。例如，有机质含量引起承载能力下降、压缩性增大、潜在膨胀和收缩率提高。气体会导致大量瞬时沉降，并会影响从室内试验中推导出的固结系数和抗剪强度。有机物会损坏筑路用土的稳定性，并通常会与低 pH 值有关，有时候与硫酸盐的存在有关，硫酸盐会对地基造成不利影响。

5.6.2.2　具体要求

EN 1997-2 规定：

(1)对于每项试验或系列试验，除5.6.1.3中列出的各项要求外，还应规定如下内容：

①干燥温度。

②着火温度。

③对结合水、碳酸盐等规定的修正。

④用于将碳含量转化为有机质含量的系数。

(2)非均质样本要求较大的试样和适当的仪器，应相应地使用更大的坩埚。

(3)应以初始干燥物质的百分比的形式报告烧失量，报告时也要给出干燥温度、着火温度以及干燥和着火时间。

(4)应以初始干燥物质的百分比的形式报告有机质含量，报告时也要给出测定方法。

5.6.2.3　试验结果评估

EN 1997-2 规定：对于有机质含量为中等的黏土和粉砂土，针对结合水或碳酸盐进行修正时可能会出现较大的误差，以至于有必要采用特殊的试验方法。

有机质含量的测定,JTG E40—2007 中也用烧失量试验与重铬酸钾容量法试验测定,与 EN 1997-2 的要求基本一致。

5.6.3 碳酸盐含量测定

5.6.3.1 试验目的

EN 1997-2 规定:

(1)碳酸盐含量作为一种指标,对天然碳酸盐土和岩石进行分类,或显示黏固程度。

(2)碳酸盐含量的测定取决于与释放二氧化碳的盐酸(HCl)的反应。通常假定,存在的碳酸盐仅为碳酸钙($CaCO_3$)。根据盐酸处理土时测得的二氧化碳含量计算碳酸盐含量。

5.6.3.2 具体要求

EN 1997-2 规定:

(1)选择适当的预处理方法前,应目视评估土。

(2)若合适,可利用大的初始样本测定土和岩石中的非均质碳酸盐分布;可通过压碎和除砂确定代表性试样。

(3)应以初始干燥物质的百分比的形式报告碳酸盐含量。

5.6.3.3 试验结果评估

EN 1997-2 规定:不宜在规定时间内使用标准的盐酸溶液溶解某些碳酸盐,如白云石。对于含有上述碳酸盐的土类和岩类,应使用特殊方法。

5.6.4 硫酸盐含量测定

5.6.4.1 试验目的

EN 1997-2 规定:

(1)本试验旨在将硫酸盐含量确定为一种指标,以显示土可能对钢和混凝土造成的有害影响。所有天然硫酸盐都可溶解于盐酸中,极少情况例外。某些硫酸盐可溶于水。

(2)酸溶性硫酸盐含量是指总硫酸含量,区别于水溶性硫酸盐含量。鉴别哪个值具有相关性极为重要。

(3)含有溶解硫酸盐,尤其是硫酸钠和硫酸镁的地下水,会侵蚀位于地层内或地表上的混凝土和其他物质。因此,若要求,有必要根据硫酸盐含量对土和地下水进行分类,以便采取合适的预防措施。

5.6.4.2 具体要求

EN 1997-2 规定:

(1)除 5.6.1.3 中列出的各项内容外,还应针对每项试验或试验组规定试验时是否还要求使用酸溶性或水溶性硫酸盐。

(2)含有可见石膏晶体的非均质土试验要求采用大样本,应对此类样本进行压碎、混合和除砂,以提供代表性试样。在选择适当的试样制备方法前,需进行目视评估。

5.6.4.3 试验结果评估

EN 1997-2 规定:

应以干燥物质中的百分比或克每升的形式报告 SO_3^{2-} 或 SO_4^{2-} 的含量,报告时要说明是酸溶性硫酸盐还是水溶性硫酸盐。

5.6.5 pH 值测定(酸性和碱性)

5.6.5.1 试验目的

EN 1997-2 规定:地下水或土溶液的 pH 值用于评估是否可能存在过度的酸性或碱性。

5.6.5.2 具体要求

EN 1997-2 规定:

(1)除化学试验的一般要求外,还应针对每项试验或试验组作出如下规定:

①土是否应干燥。

②土与水的比率。

(2)应使用标准缓冲溶液来校准 pH 计。

(3)应报告土悬液或地下水的 pH 值,应说明试验方法。

5.6.5.3 试验结果评估

EN 1997-2 规定:评估试验结果时应考虑在某些土中,氧化作用会影响测定值。

5.6.6 氯化物含量测定

5.6.6.1 试验目的

EN 1997-2 规定:本试验旨在确定水溶性或酸溶性氯化物含量,以便评估孔隙水或土的盐度。试验结果提供了一种指标,用以表明地下水可能对混凝土、钢材、其他物料和土造成的影响。

5.6.6.2 具体要求

EN 1997-2 规定:

(1)除 5.6.1.3 中列出的各项内容外,还应针对每项试验或试验组在如下方面做出规定:

①是否应测定水溶性氯化物或酸溶性氯化物。

②土是否应干燥。

(2)干燥土后,应充分混合土,以使所有可能已经转移至表面形成壳层的盐类重新分布。

5.6.6.3 试验结果评估

EN 1997-2 规定:应以土中氯化物的干质量百分比或克每升的形式报告氯化物含量。应在所用的试验程序中说明已测定的是水溶性氯化物还是酸溶性氯化物。

EN 1997-2 室内常规化学试验通常限于有机质含量(烧失量、总有机质含量、有机物)、碳酸盐含量、硫酸盐含量、pH 值(酸性或碱性)以及氯化物含量。而中国标准与 EN 1997-2 存在一些差异,主要表现在:

(1)中国标准测量的指标更多,如 JTG E40—2007 中关于土中化学成分试验有:

T 0149—1993 酸碱度试验

T 0150—1993 烧失量试验

T 0151—1993 有机质含量试验

T 0152—1993 易溶盐试验待测液的制备

T 0153—1993 易溶盐总量的测定——质量法

T 0154—1993 易溶盐碳酸根及碳酸氢根的测定

T 0155—1993 易溶盐氯根的测定——硝酸银滴定法

T 0156—1993 易溶盐氯根的测定——硝酸汞滴定法

T 0157—1993 易溶盐钙和镁离子的测定——EDTA 配位滴定法

T 0158—1993　易溶盐硫酸根的测定——质量法
T 0159—1993　易溶款硫酸根的测定——EDTA 间接配位滴定法
T 0160—1993　易溶盐钠和钾离子的测定——火焰光度法
T 0161—1993　中溶盐石膏测定——盐酸浸提硫酸钡质量法
T 0162—1993　难溶盐碳酸钙测定——气量法

(2)组织结构也有所不同,EN 1997-2 中单列五种指标,对应五个试验,而中国标准则根据盐溶解的难易程度,将岩土中盐分为易溶盐、中溶盐和难溶盐,针对每一类盐分别测定碳酸根、碳酸氢根、氯根、硫酸根和钙镁离子以及钾钠离子等。

5.7　土的强度指标试验

5.7.1　试验目的

EN 1997-2 规定:

(1)强度指标试验旨在以快速简单的方式确定黏质土的不排水抗剪强度 c_u。

(2)本标准包括如下强度指标试验:

①室内十字板试验。

②落锥试验。

5.7.2　具体要求

EN 1997-2 规定:应对 1 级质量的原状试样进行本项试验。

5.7.3　试验结果的评估和应用

EN 1997-2 规定:

(1)c_u值表示室内试验状态下土的不排水抗剪强度。不一定表示原位状态下土的不排水抗剪强度。

(2)根据土的特性以及所选择的特定强度指标试验,试验结果可为 c_u的近似估算值。

(3)强度指标试验仅适用于具有可比经验的类似岩土工程设计。

(4)如果存在类似工程经验,应用 EN 1997-1:2004 的附录 D. 3 中的样本分析法时,可使用从强度指标试验中导出的不排水抗剪强度。

(5)试验结果可用于验证某一地层内不排水抗剪强度的变化。

中国相关土工试验标准中没有这种试验,测定土的不排水抗剪强度 c_u时,通常采用黏土的快剪试验。

值得注意的是,试验结果(c_u)不能直接用作土的抗剪强度,计算地基的承载力或其他指标,仅用于判定土的强度变化及具有可比工程经验的工程设计。

5.8　土的强度试验

5.8.1　试验目的和适用范围

EN 1997-2 规定:

(1)本试验旨在确定排水和/或不排水抗剪强度参数。

(2)包括如下强度试验:

①无侧限抗压试验。

②不固结不排水三轴压缩试验。

③固结三轴压缩试验。

④平移剪切盒试验和扭转剪切(环剪)盒试验。

(3)平移剪切盒试验和扭转剪切盒试验用于排水条件下土的试验。

(4)本节只讨论饱和土或干燥土的强度试验。

5.8.2　一般要求

EN 1997-2 规定：

(1)为了确定黏土、粉土和有机质土的抗剪强度，应使用原状样本(1 级质量)。对于特定土或出于特殊考虑，可进行重制试样或重塑试样试验。

(2)对于粗粒粉土和粗砂，试样可为再压实或重制试样。应注意选择一种制备方法，从而尽可能复制出与拟设计的相关结构和密度接近的结构和密度。

(3)对于再压实或重制试样，应对制备试样的成分、密度和含水率以及制备方法作出规定。

(4)对于强度试验，应评估或规定如下各项：

①要求的试验次数。

②在采集样本中选择试样的位置。

③要求的样本质量。

④试样制备方法。

⑤试样的取向。

⑥试验类型。

⑦需进行的分类试验。

⑧固结应力(若适用)。

⑨固结增长时间(若适用)。

⑩剪切速率。

⑪破坏标准。

⑫终止试验的标准(如停止试验时的应变状态)。

⑬合格标准(如饱和度、分散度)。

⑭测量精度。

⑮试验结果的表示格式。

⑯合格标准中提到的程序之外使用的任何程序。

(5)应通过不同正应力状态下的一组三次或三次以上的试验确定样本的抗剪强度。

(6)确定土层的抗剪强度时，应考虑如下内容：

①剪切类型。

②试样制备方法。

③是否需进行附加分类试验。

(7)如果试样质量为 2 级，判读结果时应考虑样本扰动的影响。

5.8.3　试验结果的评估和应用

EN 1997-2 规定：

(1)若适用，试验结果的报告应包括：

①有效应力路径。

②莫尔圆。

③应力-应变曲线。

④孔隙水压力-应变曲线。

⑤孔隙水压力参数。

(2)应给出确定强度参数适用的应力范围。

(3)有几种在室内试验和现场试验获取土的应力-应变和强度参数的方法。若合适,评估试验结果时,应对比不同试验结果。

(4)应评估试验结果,评估时要考虑试验的应变速率。

(5)压缩和直剪试验给出了普遍接受的强度参数,这些参数可适用于常规设计法,但不一定适用于其他分析。

(6)应注意的是,无侧限抗压试验和不固结、不排水压缩试验不宜表示现场土层的不排水强度。

5.8.4 无侧限抗压试验

5.8.4.1 具体要求

EN 1997-2 规定:

(1)应对渗透性足够低从而可以在试验期间维持不排水状态的土样进行无侧限抗压试验。

(2)应避免微调和试验之间的延迟,以防止试样含水率发生变化。

5.8.4.2 试验结果的评估和应用

EN 1997-2 规定:

(1)试验结果为受试土无侧限抗压强度的近似值。

(2)可将不排水抗剪强度 c_u 确定为测得的无侧限抗压强度的一半。

(3)从室内试验试样上得出的有效应力可能与现场有效应力有偏差。由于此差异,试验结果不宜代表现场土的不排水强度。

5.8.5 不固结、不排水三轴压缩试验

5.8.5.1 具体要求

EN 1997-2 规定:

(1)进行试验时不允许试样出现任何排水现象。

(2)在试样制备和试验期间,土样不应接近水(如离开排水管或孔隙水压力传感器等)。

(3)应测定每件试样试验前后的含水率以及试验前的体积密度。

5.8.5.2 试验结果的评估和应用

EN 1997-2 规定:

(1)试验结果为受试土的不排水抗剪强度 c_u。

(2)从室内试验试样上测得的有效应力可能与现场有效应力有偏差。由于此差异,试验结果不宜代表原状土的不排水强度。

5.8.6 固结三轴压缩试验

5.8.6.1 具体要求

EN 1997-2 规定:

(1)应在1级质量的原状试样上进行试验。

(2)对于固结三轴压缩试验,除5.8.2中规定的各项外,还应对如下各项进行评估或规定:

①饱和方法和饱和标准。

②要求的围压。

③可接受标准中提及的程序之外使用的任何程序,如润滑末端、当地应力或孔隙水压力测量。

(3)对于固结、不排水三轴试验,应对测量孔隙水压力和剪切的总应力路径的要求做出规定。

(4)对于固结排水试验,应规定体积变化测量设备和剪切的应力路径。

(5)应测定每件试样试验前后的含水率和试验前的体积密度。

(6)应在一个地层的每组三轴试验中进行一次稠度极限测定和粒度分析。

(7)结果应清楚表明所进行的试验类型、得出的强度参数、用于选择抗剪强度的剪切速率和破坏准则(如最大偏斜应力、最大应力比)。

(8)报告应指明相对于标准试验程序的任何已知偏差。例如,试样的饱和度、试验程序、试样的成分或其他任何方面。

(9)根据2.4.2.3(4)的规定,应考虑进行更加先进的室内强度试验。例如,三轴拉伸试验、单剪试验、平面应变压缩和拉伸试验、真三轴试验、定向剪切试验,所有试验可能具有各向异性固结特性而非各向同性固结特性。

5.8.6.2 试验结果的评估和应用

EN 1997-2 规定:

(1)评估试验结果时应考虑到:相比于排水强度参数,不排水抗剪强度、孔隙压力参数和应力-应变关系受到的样本扰动的影响更大。

(2)根据试验类型,可推导出土的排水或不排水强度。因此,所得值为有效内摩擦角(φ')和有效黏聚力(c')或不排水抗剪强度(c_u)。

(3)这些值可同时用在排水和不排水条件下的稳定性分析。

5.8.7 固结直剪试验

5.8.7.1 试验要求

EN 1997-2 规定:

(1)应对1级质量的原状试样进行本项试验。

(2)应仔细考虑试样的位置和取向,以便复制出尽可能接近现场条件的试样。在平移剪切盒试验和环剪试验中,试样中间的水平板上或水平板附近被迫出现破坏。

(3)因无法测量且在试验判读时无法加以考虑,试验期间应避免出现剪切引起的负或正孔隙水压力。为了维持排水条件,剪切速率应足够低,以便孔隙水压力可消散。

5.8.7.2 试验值的确认和应用

EN 1997-2 规定:

(1)标准剪切盒试验的结果表示排水条件下的强度。试验值为有效内摩擦角和有效黏聚力。

(2)试验值可用于稳定性分析。

土的强度试验有直剪试验、无侧限抗压强度试验和三轴压缩试验,分别测定土的不排水抗剪强度 c_u 和排水抗剪强度 c'、φ' 值。其适用范围和试验结果评估在中欧标准中基本相同。中欧标准关于强度试验的适用范围对比见表5-4。

中欧标准中土的强度指标试验及其应用范围 表 5-4

试验名称	测试指标	应用范围		
		EN 1997-2	JTG E40—2007	GB/T 50123—2019
无侧限抗压强度试验	c_u,s_t	不用于稳定性分析	饱和软黏土	饱和黏土
不固结不排水三轴压缩试验	c_u,φ_{cu}	不用于稳定性分析	细粒土和砂土	细粒土,粒径不小于 20mm 的粗粒土
固结三轴压缩试验	c',φ',c_u,φ_{cu}	排水或不排水稳定性分析	细粒土和砂土	细粒土,粒径不小于 20mm 的粗粒土
平移剪切盒试验	c',φ',c_u,φ_{cu}	可用于稳定性分析	细粒土和砂土	细粒土和砂土
环剪盒试验	c',φ',c_u,φ_{cu}	可用于稳定性分析	细粒土和砂土	细粒土和砂土
反复直剪试验	c_r,φ_r	可用于稳定性分析	黏土与泥化夹层	黏土与泥化夹层

5.9 土的压缩和变形试验

5.9.1 概述

EN 1997-2 给出了测量三轴压缩仪和固结仪中土的变形特征的要求。

5.9.2 固结压缩试验

5.9.2.1 试验目的

EN 1997-2 规定:

(1)在固结仪中,圆柱形试样受到侧向限制,并且承受垂直轴向加载或卸载的增量,同时允许圆柱形试样轴向排水。本节内容涵盖土的固结压缩和膨胀试验以及对土的崩塌潜能进行评估。

(2)可进行持续加载(固定的应变率)的试验。

(3)增量固结压缩和膨胀试验旨在确定土的压缩、固结和膨胀特性。

(4)崩塌潜能试验旨在确定不饱和状态下土的压缩性参数,并评估遇水时土结构崩塌引起的附加压缩。

5.9.2.2 具体要求

EN 1997-2 规定:

(1)为确定黏土层的压缩性,应使用粉土或有机质土的原状样本(1 级质量)。

(2)对于再压实试样,应对与现场条件相关的制备试样的成分、密度和含水率以及试样制备方法作出规定。

(3)当确定土层的压缩特性时,应考虑如下各项:

①已有的现场勘察结果。

②在邻近场地上进行的当前沉降测量结果。

③样本数量和质量。

④现场试验类型和数量。

⑤需对敏感且黏合的样本进行特殊考虑。

⑥试样制备。

⑦试样的取向。

⑧是否需要进行附加分类试验。

(4)可考虑进行增量固结试验的替代试验,如固定应变率固结试验。

(5)初始垂直应力应不超过原位竖向有效应力。

(6)在压缩试验中,施加的最高竖向应力应超过现场可能出现的最大有效竖向应力;在膨胀试验中,试验拟施加的竖向应力范围应包括在现场施加的应力范围。

(7)测试崩塌潜能时,应根据现有知识充分考虑土浸水性能,来选出试样。试样浸水时施加的应力与现场可能出现的竖向应力相关。

5.9.2.3 试验结果的评估和应用

EN 1997-2 规定:

(1)固结试验结果可用于估算黏土、有机质土和粉砂土的屈服应力(先期固结压力)。

(2)应考虑如下情况:取样扰动会严重影响从固结试验中得出的先期固结压力。

(3)表示压缩性的最普通值为侧向压缩模量(E_{oed})、体积压缩系数(m_v)、压缩指数(C_c)和先期固结压力(σ'_p)。可用膨胀指数(C_s)表示卸载和再压缩。可直接从压缩曲线的相关部分中导出这些量。

(4)可应用二次固结系数(C_α)计算蠕变引起的沉降。

(5)可应用一维固结理论推导出固结系数 c_v。

(6)本节中的任何参数均可用于扩展基础沉降的简单分析。

(7)如果应用取样法,可使用侧向压缩模量。

5.9.3 三轴变形试验

5.9.3.1 试验目的

EN 1997-2 规定:

(1)土的三轴变形试验旨在确定变形模量(刚度参数)。

(2)根据加载路径,可测出各种刚度。

(3)根据排水条件,可确定排水模量 E' 或不排水模量 E_u。

(4)因土体特性的非线性,可在不同的应力或应变水平下确定各种不同的模量,如正切和/或正割模量。

5.9.3.2 具体要求

EN 1997-2 规定:

(1)为了确定土层的刚度,应使用原状样本(1 级质量)。

(2)应使用具有高分辨率、能够测量应力和应变的特殊仪器测定应变水平低于 0.1% 时的刚度。

(3)确定土层的刚度特性时,应考虑下述各项:

①样本质量等级。

②土的灵敏度、饱和度以及固结和黏固状态。

③试样制备。

④试样的取向。

5.9.3.3 试验结果的评估和应用

EN 1997-2 规定:

(1)可通过完整的曲线或常规值来表示刚度的特征。例如,应用初始弹性模量(E_0)、或对应于 50% 最大剪应力的模量 E_{50} 等。

(2)在某些情况下,可从标准三轴强度试验中得出软土(通常为固结土)的弹性模量和应力-应变曲线。

变形压缩试验中欧标准有一定差异,主要表现在:

(1)EN 1997-2 中固结试验适用范围广:黏土、有机质土和粉砂土。而 GB/T 50123—2019 仅用于饱和黏质土,当仅进行压缩试验时可适用于非饱和土。

(2)EN 1997-2 中测定的参数与特性很多,如先期固结压力、侧向压缩模量、体积压缩系数、压缩指数、膨胀指数以及二次固结系数(考虑土的流变特性)以及弹性模量 E_{50} 等;而 GB/T 50123—2019 中,对三轴压缩变形试验仅限于固结仪中的试验结果,三轴压缩主要测试土的强度指标,并未进一步考虑变形指标的导出计算。

(3)进一步的对比,详见表 5-5。

中欧标准中土的变形试验及其应用范围　　表 5-5

试验名称	EN 1997-2		JTG E40—2007,GB/T 50123—2019	
	测试指标	应用范围	测试指标	应用范围
固结压缩试验	(1)侧向压缩模量(E_{oed}) (2)体积压缩系数(m_v) (3)压缩指数(C_c) (4)膨胀指数(C_s) (5)二次固结系数(C_a) (6)固结系数(c_v)	黏土、有机质土和粉砂土	(1)压缩系数 a_v(MPa^{-1}) (2)压缩模量 E_s(MPa) (3)压缩指数(C_c) (4)回弹指数(C_s) (5)固结系数(c_v)(cm^{-2}/s) (6)先期固结压力 p_c(kPa)	饱和黏质土;当只进行压缩试验时,允许用非饱和土
三轴压缩试验	(1)弹性模量(E_0,E_{50}) (2)排水模量(E') (3)不排水模量(E_u)	饱和黏质土	中国标准三轴压缩试验仅对强度指标进行测试,没有列出变形参数的要求	
回弹模量试验			回弹模量 E	不同湿度和密度的细粒土,尤其适用于硬土
土的膨胀试验			(1)自由膨胀率 δ_{ef} (2)无荷载膨胀率 δ_e (3)有荷载膨胀率 δ_{ep} (4)膨胀力 p_e(kPa)	膨胀土
湿陷试验			(1)相对下沉系数 i_m (2)自重湿陷系数 δ_{zs} (3)溶滤变形系数 δ_{wt} (4)湿陷起始压力 p(kPa)	黄土

5.10 土的击实试验

5.10.1 适用范围

EN 1997-2 适用于击实试验(普罗克特击实试验)和加州承载比试验。

5.10.2 击实试验

5.10.2.1 试验目的

EN 1997-2 规定:土击实试验(普罗克特击实试验)用于确定施加指定击实作用时干密度与含水率之间的关系。

5.10.2.2 具体要求

EN 1997-2 规定：

(1)应对如下各项作出规定或进行检查：

①对颗粒过粗的土进行的处理。

②对硬细粒土进行的处理。

③试样制备和熟化。

④试验程序和拟施加的击实作用。

⑤是否使用了标准中规定的设备(模板和撞锤)。

(2)对于特殊土类，应考虑采用原位试验代替室内试验。

5.10.2.3 试验结果的评估和应用

EN 1997-2 规定：

(1)若合适，应连同粒径分布曲线和粗粒料的修正干质量比例一起报告土的压实特性。

(2)最佳含水率(w_{opt})和施加压实作用时达到的相应的最大干密度($P_{d,max}$)可用于评估压实填土的质量。

中国标准中，主要测定室内扰动土的击实试验，一般根据工程实际情况选用轻型击实试验和重型击实试验。中国以往采用轻型击实试验比较多，如水库堤防铁路路基填土均采用轻型击实试验；高等级公路填土和机场跑道等采用重型击实较多。重型击实仪的击实筒内径大，最大粒径可以允许达到20mm。关于试验方法与要求以及结果的评定，中欧标准基本一致。

5.10.3 加州承载比(CBR)试验

5.10.3.1 试验目的

EN 1997-2 规定：

(1)本试验旨在确定压实样本或原状样本的加州承载比(CBR)。

(2)将具有标准横截面面积的圆柱形柱塞贯入土中时，加州承载比的值取为与标准贯入度对应的标准荷载百分比。

5.10.3.2 具体要求

EN 1997-2 规定，应对如下各项作出规定或进行检查：

(1)每件试样的制备方法。

(2)一组试样上拟进行的试验数量。

(3)对颗粒过粗的土($D>16$mm)进行的处理。

(4)试样的熟化。

(5)是否将试样浸湿。

(6)如果进行了浸湿处理，是否测量了膨胀。

(7)针对浸湿和试验拟施加的过载。

(8)拟制备压实试样时的含水率。

(9)试样的干密度或压实作用力。

(10)是否使用了标准中规定的设备(模板和撞锤)。

(11)是否在试样一端或两端上进行试验。

5.10.3.3 试验结果的评估和应用

EN 1997-2 规定：

(1)若相关，应连同粒度分布和粗粒料的干质量比例一起报告加州承载比试验结果。

(2)加州承载比值可用作柔性路面设计的基本参数。该值可用于评估支撑公路、铁路和机场路面的路基、底基层和基层材料(包括再生材料)的潜在强度。

加州承载比试验主要参考美国 ASTM D1883-78 和 AASHTO-74 规程编制。承载比试验是由美国加州公路局首先提出,简称 CBR。日本也把 CRB 试验纳入全国工业规格土质试验方法规程(JIS A1211-70)。所谓 CRB 值,是指采用标准尺寸的贯入杆贯入试样中 2.5mm 时,所需的荷载强度与相同贯入量时标准荷载强度的比值。欧洲标准中的这一试验源于美国标准,其方法与中国标准基本一致,所不同的是欧洲标准对颗粒直径 $D > 16$mm 的土进行特殊处理,GB/T 50123—2019 则可将粒径放宽至 20mm。

5.11 土的渗透试验

5.11.1 试验目的

EN 1997-2 规定:

本试验旨在确定流经饱和土的水的渗透(水力传导率)系数。

5.11.2 具体要求

EN 1997-2 规定:

(1)当确定某一土层的渗透系数时,应考虑如下各项:

①为确定渗透性而优先进行的试验类型。

②试样取向。

③是否需要进行附加分类试验。

(2)根据试验结果应用的条件,应对如下各项作出规定:

①对于黏土、粉土和有机质土:

a. 试样受试时的应力状态。

b. 达到和维持稳态流动条件的标准。

c. 穿过试样的流向。

d. 试样受试时的水力坡度。

e. 是否需要背压和规定的饱和度渗流液的化学性质。

②对于砂和砾石:

a. 制备试样将会达到的相对密度。

b. 试样受试时的水力坡度。

c. 是否需要背压和规定的饱和度。

(3)除非因特殊问题另行要求,否则,室内试验中的水力坡度应接近于现场的水力坡度。

(4)选择水力坡度时,应检查室内试验中的水力坡度和现场的坡度是否处于达西定律的应用领域内。

(5)应在报告中指出任何已知的与标准试验程序背离的情形,如试样的饱和度、试验程序、试样的成分或其他任何问题。

(6)对黏土、粉土或有机质土进行渗透性试验时,应仅使用 1 级或 2 级质量的土样。

(7)对于砂和砾石物质,可使用 3 级质量的试样以及重塑或再压实的土样。

(8)应检查确保试样固结引起的体积变化只会对测定的渗透性造成可忽略的影响。

5.11.3 试验结果的评估和应用

EN 1997-2 规定:

(1)应评估如下内容：

①边界条件(饱和度、流向、水力坡度、应力状态、密度和层理、侧面漏泄以及过滤器和管中的水头损失)对试验结果的影响程度。

②上述条件与现场情形的匹配度。

(2)对于部分饱和土，与完全饱和状态下的测定值相比，小得多的值可能更具相关性。

(3)应适当考虑是否应进行温度修正。

(4)可在假定达西定律有效的情况下，从试验数据中计算出渗透性系数。

(5)渗透系数可用在挖方和土坝的设计中，以估算渗流量、评估地下水位控制(下降)的可行性、设计桩板墙、估算渗流压力等。

渗透是液体在多孔介质中运动的现象，渗透系数是表达这一现象的定量指标，由于影响渗透系数的因素十分复杂，目前室内和现场用各种方法所测定的渗透系数，仍然是比较粗略的数值，测定土的渗透系数对不同的土类应选用不同的试验方法。试验类型分为常水头渗透试验和变水头渗透试验，前者适用于砂土，后者适用于黏土和粉土。

水的动力黏滞系数随温度而变化，土的渗透系数与水的动力黏滞系数成反比，因此在任一温度下测定的渗透系数应换算到标准温度下的渗透系数。关于标准温度目前各国不统一，美国采用20℃，日本采用15℃，俄罗斯采用10℃，考虑到标准温度应由标准温度的定义去解释，GB/T 50123—2019与中国各系统采用的标准均以20℃为标准温度。

5.12　岩石分类试验

5.12.1　概述

EN 1997-2规定：

(1)本节包括如下各项试验：

①岩石鉴定和描述。

②含水率。

③密度和孔隙率。

(2)分类是指针对特定的土木工程将鉴定过的岩石分为确定的具体类型。分类涉及矿物成分、结构、硬度、岩石密度、含水率、孔隙率和岩石强度。

5.12.2　所有分类试验的要求

EN 1997-2规定：

(1)应合并审核分类试验结果，将试验结果与钻孔记录、相应的地球物理测井图、岩芯照片和类似经验做比较。

(2)应将土和岩石的分类与可用地质背景资料做比较，以便提供工程地质模型。

(3)在任何可利用的时候，地质图应用于指导岩石和岩体的分类。

(4)为了给出一致的描述，可要求其他人进行评估并使用典型岩石对比示例。

5.12.3　岩石鉴定和描述

5.12.3.1　试验目的和要求

EN 1997-2规定：

(1)基于矿物成分、主要粒径、成因、结构、风化作用和其他组成部分来对石料进行鉴定和描述；可对岩芯和其他天然岩石样本以及原状岩体进行描述。

(2)室内试验程序应符合 EN ISO 14689-1 的规定。

(3)可更详细地对岩石进行描述。然后,应对如下各项作出规定:

①岩石分类系统。

②是否需要进行高级地质分析。

③报告格式。

(4)因鉴定和描述构成所有试验和评估的框架,应忽略岩石均质性,对室内试验中接收的所有样本进行岩石鉴定和描述。

5.12.3.2 试验结果评估

EN 1997-2 规定:

(1)利用岩芯对岩体进行的分类应基于最有可能的岩芯采取率,以确定不连续性以及可能出现的岩洞。

(2)由于大多数岩体质量指标与在岩芯中发现的裂隙以及岩芯质量有关,应评估钻孔过程中岩芯的扰动。

5.12.4 含水率测定

5.12.4.1 试验目的和要求

EN 1997-2 规定:

(1)除 5.12.4.2 (2)中提到的岩石外,应通过(105 ±5)℃的烘干过程确定岩石的含水率。

(2)若相关,应规定取样和存放期间保持水分的措施。

(3)应对以下各项作出规定:

①试样的选择。

②试验前室内的存放条件。

③可能应用真空饱和技术对干燥样本进行的再饱和处理。

④每一地层的试验次数。

⑤与相同岩层中其他试验平行进行的试验次数。

⑥拟进行的精确检查数量。

(4)应使用至少 50g 重的最小样本或者尺寸至少为材料成分最大粒径 10 倍的岩芯块。

(5)应在报告中说明测得的含水率是否与原位含水率一致。

5.12.4.2 试验结果评估

EN 1997-2 规定:

(1)应将含水率的测定结果与随试样密度(或孔隙率)变化的完全饱和含水率做比较。应通过反复试验研究异常结果。

(2)因结合水可能会在 105℃条件下部分脱水,所以应在 50℃条件下对含有大量石膏的岩类进行试验。

(3)孔隙水含有溶解盐的岩类或者含有封闭孔隙的岩类,应对所报告的含水率进行评估。

(4)含水率应用于钻孔和试验场地岩类的强度和变形特性的相关性。

(5)应对可用含水率的相关性和岩石类型进行比较。

中欧标准在含水率试验方面略有差异:

(1)温度控制。EN 1997-2 中,105℃条件下部分脱水,所以应在 50℃条件下对含有大量石膏的岩类进行试验。而 JTG E41—2005 中对于不含结晶水矿物的岩石烘干温度为105 ~ 110℃,对于含结晶水矿物的岩石烘干温度宜控制在(60 ±5)℃。

(2)样本质量。EN 1997-2 中规定样本最小质量为 50g;而 JTG E41—2005 中规定,样本最小质量为40g,最大质量为200g。

5.12.5 密度和孔隙率测定

5.12.5.1 试验目的和要求

EN 1997-2 规定:

(1)本试验用于确定体积密度或干密度,以得出岩样的孔隙率和相关特性。如果有可靠的样本体积测定可用,则基于重量分析推导出体积密度和干密度。

(2)如果岩样中不存在封闭孔洞,则以与土相同方法测出干密度和颗粒密度,计算孔隙体积。孔隙率为孔隙体积与总体积的比。

(3)应对如下各项作出规定:

①试样的选择。

②试验前的存放条件。

③是否需要使干燥样本再饱和,及采用的技术。

④每一岩层要求的试验次数。

⑤是否需要对同一岩层进行平行试验。

(4)应对重量至少为50g、尺寸至少为材料成分最大粒径的10倍的试样进行试验。

5.12.5.2 试验结果评估

EN 1997-2 规定:

(1)应在提交岩石描述以及钻孔中和试验场地上岩类的强度和变形特性(得到确认)报告的同时报告密度和孔隙率。

(2)密度和孔隙率结果应用于对岩石强度和变形特性进行对比,并确定不同岩类的相关性。

(3)封闭孔洞的存在会影响孔隙率。总孔隙体积的测定应基于粉状样本的固体密度。

密度试验在中欧标准中的要求基本相同,所不同的仍然是烘干温度与样本质量的差异,与含水率试验中的差异相同(见上节)。

5.13 岩石的膨胀试验

5.13.1 概述

EN 1997-2 规定:

(1)本标准涉及如下试验,这些试验用于测定石料暴露于水环境中的潮湿、干燥或卸载条件下的膨胀潜能:

①零体积变化情况下的膨胀压力指数。

②轴向过载情况下径向受限试样的膨胀应变指数。

③无侧限岩样中出现的膨胀应变。

(2)应用土分类相关试验,如收缩、液限和塑限、粒径分布和黏土矿物的类型及含量,进一步对试验期间崩解的岩石进行分类。

5.13.2 一般要求

EN 1997-2 规定:

(1)试样应尽可能符合直柱或矩形棱柱体规程。样本尺寸应允许通过重新取岩芯和/或加工制备试样,且用于一个方向上膨胀测量的轴要垂直于层理或辟理。

(2)应对如下各项作出规定：

①试样的选择。

②试样的制备、取向和尺寸。

③每一规定岩层进行的试验次数。

④试验方法、设备和校准。

⑤拟用水(天然水或蒸馏水、水化学性质)。

⑥记录周期。

⑦是否需要膨胀压力曲线或自液泛起随时间变化的位移曲线。

⑧规定的附加参数的选择。

⑨报告要求。

5.13.3 试验结果评估

EN 1997-2 规定：

(1)应根据岩石描述来审核试验结果,并应确定分类参数。

(2)应将室内试验中推导出的设计用值与类似气候、荷载和潮湿状况下类似岩类的现场经验做比较。

(3)因包括天然裂缝、应力、排水和孔隙水化学性质等在内的其他因素的影响,室内试验可能只部分展现了潮湿和干燥引起的膨胀、弱化或崩解的短期和超长期风化过程,即使是对于类似荷载和含水率的条件。

5.13.4 零体积变化情况下的膨胀压力指数

5.13.4.1 试验目的和要求

EN 1997-2 规定：

(1)本试验旨在测量对浸入水中的体积恒定的原状岩样进行限制所必需的压力。

(2)本试验可用于通过对岩层的证明资料进行对比来评估现场的膨胀压力。

(3)应用A类取样方法取出试样岩芯。

5.13.4.2 试验结果评估

EN 1997-2 规定：

(1)应根据试验箱系统本身(朝向端压板的滚珠轴承和过滤石的基层)的变形来对维持零体积变化状态而需施加的力进行修正。

(2)零体积变化情况下的最大膨胀压力应用作规定试验室条件下膨胀压力的上限。

(3)在设计中使用试验室测定的最大膨胀压力之前,应考虑与潮湿和干燥、加载条件、含水率和孔隙水化学性质引起的膨胀、弱化或剥蚀的短期和超长期风化作用过程有关的现场数据。

5.13.5 轴向过载情况下径向受限试样的膨胀应变指数

5.13.5.1 试验目的和要求

EN 1997-2 规定：

(1)本试验旨在测量径向受限的未扰动岩样浸入水中时相对于恒定轴向过载而出现的轴向膨胀应变。

(2)应用A类取样方法取出试样岩芯。

5.13.5.2 试验结果评估

EN 1997-2 规定：

(1)应针对试验箱系统本身(朝向端压板的滚珠轴承和过滤石的基层)的变形来对各试验阶段期间外加力作用下测得的应变进行修正。

(2)恒定轴向过载情况下的轴向膨胀应变应用于估算现场膨胀潜能,估算时要考虑岩层的经验资料。

(3)根据外加竖向应力,试验提供了用以对岩石/结构界面的竖向隆起或侧向变形进行评估的背景资料。

5.13.6 无侧限岩样中出现的膨胀应变

5.13.6.1 试验目的和要求

EN 1997-2 规定:

(1)本试验旨在测量无侧限岩样浸入水中时出现的膨胀应变。

(2)本试验应仅适用于至少按照 B 类取样方法制备的试样,此取样方法在试验期间不会明显改变试样的几何形状。

(3)建议应用侧限膨胀试验来测试熟化、耐久性较低的岩石。

(4)应在报告中清楚地指明试样在膨胀试验期间未受到径向限制。

5.13.6.2 试验结果评估

EN 1997-2 规定:

(1)本试验可用于通过对比岩层的证明资料评估现场膨胀潜能。

(2)有关层理或叶理的无侧限膨胀应变及其方向应只用于现场膨胀潜能的估算。

关于岩石的膨胀试验,中欧标准基本一致,所测指标及应用范围也相同,所不同的是欧洲标准中的试验仪器可能用一般的固结仪代替,而中国标准中每一种试验对应专门仪器,对应岩样规格也存在差异。

EN 1997-2 中测定的指标分别如下:

(1)自由膨胀率。自由膨胀率试验仪。试件:圆柱形,高 15mm 或大于岩石矿物最大颗粒的 10 倍,直径为 15mm 或大于岩石矿物最大颗粒的 10 倍,3 个/组,加测定含水率用的试样。

(2)侧向约束膨胀率。普通固结仪。试件:圆柱形,高 15mm 或大于岩石矿物最大颗粒的 10 倍,直径为高度的 4 倍,3 个/组,加测定含水率用的试样。

(3)岩石膨胀压力。普通固结仪。试件:圆柱形,高 15mm 或大于岩石矿物最大颗粒的 10 倍,直径为高度的 2.5 倍,3 个/组。

JTG E41—2005 中测定的指标分别如下:

(1)自由膨胀率。自由膨胀率试验仪。试件:圆柱形,直径 50 ~ 60mm,高度等于直径;立方体,边长 50 ~ 60mm,3 个/组。适用于遇水不易崩解的岩石。

(2)侧向约束膨胀率。侧向约束膨胀率试验仪。试件:圆柱形,直径 50 ~ 60mm,高度大于 20mm,且大于岩石矿物最大颗粒的 10 倍,3 个/组。适用于各类岩石。

(3)岩石膨胀压力。岩石膨胀压力试验仪。试件:与(2)要求相同,3 个/组。适用于各类岩石。

5.14 岩石的强度试验

5.14.1 概述

EN 1997-2 规定,包括五类用于测定岩石强度的室内试验方法:

(1)单轴压缩和变形能力试验。

(2)点荷载试验。

(3)直剪试验。

(4)巴西试验。

(5)三轴压缩试验。

5.14.2 所有强度试验的要求

EN 1997-2 规定,应对如下各项作出规定:

(1)拟受试的样本。

(2)试样的制备。

(3)每一岩层的试验数量。

(4)任何规定的附加参数。

(5)试验方法。

5.14.3 试验结果评估

EN 1997-2 规定:

(1)试验结果评估包括与认可的数据库对比,以筛选出异常结果数据,同时要考虑岩石抗压强度和变形参数的自然范围以及与分类试验结果的相关性。

(2)应将所有试验结果集合在一起,并适当应用统计法,针对地质描述和分类特性对其加以分析。

(3)试验值可用于评估现场强度和变形特性,并对岩石要素和岩体特性进行分类。

5.14.4 单轴压缩和变形试验

5.14.4.1 试验目的和要求

EN 1997-2 规定:

(1)单轴压缩试验测量圆柱形岩石试样的抗压强度、弹性模量和泊松比。

(2)本试验旨在对完整岩石进行分类并描述其特征。

(3)除5.14.2中的要求外,还应对如下各项作出规定:

①试样取向和尺寸。

②试验方法。

③确定随应力或应变变化的模量(正切模量、平均模量或割线模量)和泊松比。

(4)应从按A类取样方法取出的岩芯中制备试样。

(5)应遵照有关单轴压缩和变形试验的建议。

5.14.4.2 试验结果评估

(1)单轴压缩强度应确定为从压缩试验过程中得出的最大竖向应力。

(2)应用下述三种定义之一确定弹性模量,弹性模量定义为轴向应力变化与轴向应力变化引起的轴向应变之比:

①在固定的极限强度百分比(50%)情况下测得的正切弹性模量。

②从轴向应力-应变曲线的线性部分得出的弹性模量的平均值。

③在从零应力到某固定极限强度百分比(50%)情况下测得的割线模量。

(3)泊松比应确定为径向应变-轴向应变曲线的斜率。

(4)应在相同的垂直应力间隔范围内计算弹性模量和泊松比。

(5)应根据岩石分类特性和受试岩样简图中列出的断裂样式评估试验结果。

(6)无侧限压缩强度(σ_c)可用作完整岩石质量的分类参数,并可与莫尔图中的三轴压缩试验结果结合使用,从而确定莫尔-库仑破坏参数——内摩擦角(φ)和黏聚力(c)。

对于岩石的单轴压缩与变形能力试验,中国标准分为两个单独的试验,即测定饱和岩石的单轴抗压强度和单轴压缩应力条件下的轴向及径向应变值,据此算出岩石的弹性模量和泊松比(在应力与纵向应变关系曲线上找出加载最大值的0.8倍和0.2倍的点,并作割线,以该割线的斜率表示该试件的弹性模量)。在进行各种计算时,这两个参数必不可少。尤其是在采用各种数值计算方法评价岩体的稳定性和分析岩体内的应力分布时,显得更为重要。岩石的弹性模量和泊松比与岩石的单轴抗压强度一样,也将受到许多试验条件、试验环境和不同岩性的影响。但是,弹性模量和泊松比并不像岩石单轴抗压强度对这些因素那么敏感,且并不具有很明显的规律性。在实际的工程中,岩石的平均弹性模量和岩石的割线模量(亦称变形模量,是应力应变曲线原点与岩石单轴抗压强度值的50%时的点连线的斜率)以及与其各自相对应的泊松比应用最多。在某些特殊的条件下,也可按不同的应力水平确定其弹性模量和泊松比。

抗压强度试件尺寸规定:

(1)建筑地基的岩石试验,采用圆柱体作为标准试件,直径为50mm±2mm、高径比为2∶1。每组试件共6个。

(2)桥梁工程用的石料试验,采用立方体试件,边长为70mm ±2mm。每组试件共6个。

(3)路面工程用的石料试验,采用圆柱体或立方体试件,其直径或边长和高均为50mm ±2mm。每组试件共6个。

单轴压缩变形尺寸规定:

采用直径50mm,高100mm的圆柱体试件,即与单轴抗压强度试件一致。

5.14.5 点荷载试验

5.14.5.1 试验目的和要求

EN 1997-2 规定:

(1)点荷载试验旨在用作一种强度指标试验,以对石料进行分类。试验结果也可用于估算相同能力范围的岩石组的强度。

(2)点荷载试验不是一种直接测量岩石强度的方法,而是属于一种指标试验。应记录每种情况下点荷载试验结果与强度之间的相关性。

(3)除本标准5.14.2中的要求外,还应规定有关岩芯、石块和不规则石块的试验方法。

(4)应从按A类取样方法(参见EN ISO 22475-1)获取的岩芯中制备试样。

(5)如果报告了相应情况且采用B类取样方法获取岩样,则可使用从探坑中取出的石块和不规则石块的试样。

(6)应遵照有关点荷载试验的建议。

5.14.5.2 试验结果评估

EN 1997-2 规定:

(1)因具有较大的变化性,对岩石特性进行的评估以及对其他强度参数的预测应建立在统计法的基础上。对于至少包括10次单项试验的试验数据,应去掉两个最高值和两个最低值,然后从剩余数据中计算出平均值。

(2)为了应用点荷载强度指数的平均值对样本或岩层进行分类,试验次数应至少为5次。

(3)本试验测量岩样的点荷载强度指数及其强度各向异性指数,强度各向异性指数为得出最大值和最小值的方向上点荷载强度之比。

根据国内外一些学者对在点荷载作用下弹性球体的应力状态的数学分析、有限单元分析及材料在点荷载作用下破坏机制的研究,得到基本一致的结果是:试样在一对点荷载作用下破坏,主要是由于加荷轴上的切向拉应力引起的,试样的破坏性质属于拉裂。因此有可能直接用点荷载强度计算抗拉强度。

通过三维光弹试验证明,不同形状的试样在点荷载作用下,其加荷轴附近的应力状态基本相同。这就为采用不同形状及不规则试样进行点荷载试验提供了依据。

用点荷载强度预估单轴抗压强度和抗拉强度,已由大量对比试验证实是可行的。有资料表明,通常单轴抗压强度是点荷载强度的20~25倍,抗拉强度是点荷载强度的1.5~3倍。这虽然只是一种近似关系,但对于规划选点及可行性研究是能满足要求的。

因为大多数岩石具有各向异性的特点,所以测量其强度各向异性具有普遍意义。用点荷载试验测定岩石强度各向异性,比其他常规试验优越。只要分别对垂直和平行岩石层理或各种软弱面进行试验,就可以得到岩石的最大和最小强度。岩石的各向异性程度可以用各向异性指标 $I_{\alpha(50)}$ 表征。$I_{\alpha(50)}$ 等于最弱方向的点荷载强度之比,即 $I_{\alpha(50)} = I'_{s(50)} / I''_{s(50)}$。$I_{\alpha(50)}$ 值越大,岩石的各向异性越明显。大量试验表明,点荷载强度指数对存在于岩石中的结构面很敏感,主要表现为,在点荷载试验中,试件极易沿结构面发生破坏,哪怕加载点并未与结构面接触。因此,通过点荷载试验,可判别该岩石的强度是受岩石控制,还是受结构面控制。

像所有的岩石强度那样,岩石点荷载强度也因试样的含水率不同而有变化。因此,同一组试样应保持相同的含水状态,并注明试样的储存情况,特别是试样存放的时间等。本试验要求岩芯试样每组5~10个,方块体或不规则体试样每组15~20个;如果岩石是明显各向异性的,还应再细分为平行与垂直层理加荷的两个亚组,每组试样不少于15个,这主要是为了保证测试精度。

5.14.6 直剪试验

5.14.6.1 试验目的和要求

EN 1997-2 规定:

(1)直剪试验旨在测量最大直剪强度和残余直剪强度,其随垂直于剪切面的应力而变化。

(2)本节涉及如下室内试验:用于确定基本抗剪强度参数和控制抗剪强度的某一结构面表面特征的室内试验。

(3)如果确定了控制抗剪强度的某一结构面表面特征,应进行准确描述,包括裂缝类型和粗糙度、填充材料的类型和厚度以及裂缝中是否存在水。

(4)除5.14.2中的要求外,还应对如下各项作出规定:

①试样取向和尺寸。

②试验仪器的规格。

③试验期间的剪切位移速率。

④选择单剪试验期间需要维持的正应力。

(5)应从按A类取样方法取出的岩芯中、或从至少采用B类取样方法在探坑中获取的石块中制备试样。

(6)应遵照有关直剪试验的建议。

5.14.6.2 试验结果评估

EN 1997-2 规定:

(1)对抗剪强度和(垂直于破裂面的)应力的试验结果进行评估时,要研究剪切面,以便考虑层理和片理、岩样的解理、岩石和混凝土之间的界面特性,或者所测试的特性。

(2)通过在应用莫尔-库仑破坏准则从岩层中取出的不同试样上进行多项剪切试验,可确定抗剪强度参数——内摩擦角(φ)和黏聚力(c)。或者,可通过对确认过的破裂面进行涉及不同正应力的多重试验得出残余参数。

(3)本试验测量在垂直于破裂面的特定应力作用下的受压破裂面中的抗剪强度。可确定某些剪切变形后的最大抗剪强度和残余抗剪强度。通常,断裂面是有意沿某一已知的不连续面确定的。

(4)本试验旨在对强度进行分类并描述完整岩石的特性;在无地质相关性和现场条件的岩石分类的情况下,不应使用本试验。

直剪试验的目的是求出试件沿滑动面的正应力与剪应力的关系,提供岩石基础计算之依据。岩石直剪试验是将同一类型的一组岩石试件在不同的法向荷载下进行水平剪切,根据库仑定律表达式确定岩石的抗剪强度参数。本试验适用于岩石结构面(如节理面、层理面、片理面、劈理面等位置)、岩石本身及混凝土或砂浆与岩石胶结面的直剪试验。中欧标准中关于该试验的要求基本一致。

5.14.7 巴西试验

5.14.7.1 试验目的和要求

EN 1997-2 规定:

(1)巴西试验旨在间接测量圆柱形岩样的单轴抗拉强度。

(2)除5.14.2中的要求外,还应对如下各项作出规定:

①试样取向和尺寸。

②试验方法。

(3)因结果具有变化性,应对平行切割的试样进行重复试验。

(4)对于页岩和其他各向异性岩,建议以平行和垂直于层理的方式切割试样。对于以平行于层理的方式进行切割的试样,应规定出与层理有关的荷载方向。

(5)应从A类取样方法获取的岩芯中制备试样。

(6)应遵照有关巴西试验的建议。

5.14.7.2 试验结果评估

EN 1997-2 规定:

(1)评估抗拉强度时应考虑到:试样中存在的隐藏弱面可能会干扰试验结果,并且应在试验和试验评估后绘制破坏面的示意图。

(2)本试验给出了间接确定受力断裂面中的抗拉强度σ_T的方法。

(3)抗拉强度(σ_T)可用作完整岩石质量的分类参数,并可连同从单轴或三轴压缩试验中得出的莫尔圆一起用在相应的最大应力σ_1处的莫尔图中,以确定莫尔-库仑强度参数——内摩擦角(φ)和黏聚力(c)。

(4)本试验旨在对强度进行分类并描述完整岩石的特征。在无地质相关性和现场条件的岩石分类的情况下,不应使用本试验结果。

关于岩石的抗拉强度,国内外现行的有两类试验方法,即直接拉伸法和间接拉伸法,各有其优缺点。前者采用单轴拉伸测定岩石抗拉强度,适用于各类性质的岩石,但操作较复杂,试验技术难于解决,后者因为是由一位巴西工程技术人员提出,故也称为巴西法(劈裂法)。劈裂法的理论依据是,弹性力学中,半无限体上作用着一集中荷载的布辛奈斯克解,对坚硬脆性岩石较适用;同时,用劈裂法测定岩石的抗拉强度,比用其他方法简便,测定结果也较稳定。目前,中国大多数试验规程均采用此法测定岩石的抗拉强度(劈裂强度)。

用劈裂法测定的岩石抗拉强度值取决于试样形状和加荷条件的某种函数特征值，许多资料表明，用这种方法测定岩石的抗拉强度，其结果随垫条材料尺寸的不同而有所差异。不同规程对垫条材料、尺寸有不同的规定，中国国家标准采用直径为4mm左右的钢丝或胶木棍。《公路工程岩石试验规程》对于坚硬和较坚硬岩石选用直径为1mm钢丝为垫条，对于软弱和较软弱岩石应选用宽度与试件直径之比为0.08～0.1的胶木板为垫条。垫条的硬度应与试件硬度相匹配，垫条硬度过大，易对试件发生贯入现象；垫条硬度过低，垫条本身将严重变形，两者都影响试验成果。凡试件最终破坏未贯穿整个试件截面，而是局部脱落，应视为无效试件。

对于试样形状和尺寸，中国标准普遍采用圆柱体试件，直径为(50±0.5)mm，高径比为0.5～1.0。欧洲标准仅提出原则性要求，没有给出具体的尺寸规定。

5.14.8 三轴压缩试验

5.14.8.1 试验目的和要求

EN 1997-2 规定：

(1)三轴压缩试验旨在测量受到三轴压力时圆柱形岩样的强度。许多试验给出了确定莫尔-库仑图中强度包络线所必需的值。从此包络线中，可确定内摩擦角和黏聚力。

(2)除5.14.2中的要求外，还应规定反映试验方法的试样取向和尺寸。

(3)应从A类取样方法获取的岩芯中制备试样。

(4)应遵照有关三轴压缩试验的建议。

5.14.8.2 试验结果评估

EN 1997-2 规定：

(1)三轴试验包括用三轴测压仪在不同侧限压力下进行的一系列压缩试验。破坏时侧限压力-轴向应力的强度包络线可用于确定莫尔-库仑强度参数——内摩擦角(φ)和黏聚力(c)。

(2)应基于地质描述和岩石分类参数评估确定试验参数的一系列试样的同质性。

(3)确定的强度参数与完整岩石有关。只有在考虑将完整岩石的试验上升到现场岩石的块体性质时才能确定原位特性。

岩石三轴压缩强度试验是测定一组岩石试件在不同侧压条件下的三向压缩强度，据此计算岩石在三轴压缩条件下的强度参数。GB/T 50123—2019中采用等侧压条件下的三轴压缩试验，是指适用于三向应力状态中的特殊情况，即$\sigma_2=\sigma_3$。在进行三轴压缩试验的同时，应进行岩石单轴抗压强度、抗拉强度试验。侧压力值的选定主要依据三轴试验机的性能和岩石性质试件。

由于三轴试验测试系统复杂，试验成本较高，等侧压试验又难以测得中间主应力的影响，如果简单测试c、φ值，直剪试验也能完成。因此，在对测试结果精度要求不是很高的实用性工程(科学研究试验除外)，一般不做三轴岩石试验，JTG E41—2005没有列出三轴岩石试验。

5.15 本章小结

本章主要讲述岩土的室内试验。对应的中国标准主要有：GB/T 50123—2019、GB/T 15406—2007、GBT 50266—2013、JTG E40—2007和JTG E41—2005。总体而言，由于室内试验相比原位试验而言，环境条件好，试验设备简单，涉及投资少，易于操作和规范化。因此，就本章内容而言，中国标准与国际先进标准之间的差距不是很明显，中欧相关标准对室内试验的总体要求基本相同。除少数部分因历史原因和中国工程传统习惯之外，比如：

(1)欧洲标准大量引用的是国际标准(ISO、ASTM和ISRM)，中国标准除引用国际标准外，仍保留了部分传统标准的内容。例如，土的分类与定名中的颗粒界限，欧洲标准用的是：

200mm、63mm、2mm 和 0.063mm，中国标准则用的是：200mm、20mm、2mm 和 0.075mm。

（2）关于烘干试验。欧洲标准温度控制一般在（105 ±5）℃范围内，中国标准则将温度控制在 105 ~ 110℃范围内，比欧洲标准高 5 ~ 10℃。

（3）部分试验在欧洲标准中列出，而中国标准中没有规定。例如，EN 1997-2 中列有土的分散性试验、室内十字板试验和落锤试验，中国标准 JTG E40—2007 和 GB/T 50123—2019 中均没有规定。

（4）部分试验在中国标准中比欧洲标准中要求更细、更严。例如土中化学成分试验，欧洲标准只规定测有机质含量（烧失量、总有机质含量、有机物）、碳酸盐含量、硫酸盐含量、pH 值（酸性或碱性）以及氯化物含量等五类化学试验，而中国标准则规定更细，测试指标更多，如 JTG E40—2007 中关于土中化学成分试验有：

T 0149—1993　酸碱度试验
T 0150—1993　烧失量试验
T 0151—1993　有机质含量试验
T 0153—1993　易溶盐总量的测定——质量法
T 0154—1993　易溶盐碳酸根及碳酸氢根的测定
T 0155—1993　易溶盐氯根的测定——硝酸银滴定法
T 0156—1993　易溶盐氯根的测定——硝酸汞滴定法
T 0157—1993　易溶盐钙和镁离子的测定——EDTA 配位滴定法
T 0158—1993　易溶盐硫酸根的测定——质量法
T 0159—1993　易溶款硫酸根的测定——EDTA 间接配位滴定法
T 0160—1993　易溶盐钠和钾离子的测定——火焰光度法
T 0161—1993　中溶盐石膏测定——盐酸浸提硫酸钡质量法
T 0162—1993　难溶盐碳酸钙测定——气量法

除上述 13 项指标外，还有多项矿物成分试验也是欧洲标准中没有提及的。

（5）冻土试验。欧洲标准仅给出原则性规定，但没有确定测试哪些指标。中国标准则详细列出冻土应测试的指标及各种试验方法。

（6）岩土的强度和变形指标试验，这部分内容基本引自国际标准，除个别试验因试件尺寸存在差异外，如 JTG E41—2005 中岩石力学性质试验，建筑工程用试件为圆柱体，直径为（50 ±2）mm、高径比为 2∶1；桥梁工程用边长为（70 ±2）mm 的立方体试件。其他方面中欧标准一致性较好。

（7）最后，值得注意的是，欧洲标准对室内试验指标能否直接用于岩土工程设计，或岩土工程评价，都有明确说明。而中国标准则没有这方面规定。

第6章 岩土勘察报告

6.1 一般要求

EN 1997-2 要求：

(1)应将岩土工程勘察结果编入《岩土勘察报告》中，该报告将成为《岩土工程设计报告》的一部分。

(2)《岩土勘察报告》应包括如下内容：①提供所有岩土工程资料，包括地质特征和相关数据；②从岩土工程的角度对信息进行评估，陈述判读试验结果所作的假设。

(3)可以用一份完整报告或单独章节的形式显示这些信息。

(4)《岩土勘察报告》可能包括导出值。

(5)若合适，《岩土勘察报告》应说明已知的结果限值。

(6)《岩土勘察报告》应建议进行更多必要的现场勘察和室内研究，并证明需进一步工作的合理性。提出上述建议时，应附上一份需进行更多勘察的具体方案。

关于岩土工程勘察报告的原则要求，中欧标准基本一致。欧洲标准更多强调的是理论基础，而中国标准则基本以实用为主。

6.2 岩土工程资料的提交

欧洲标准要求提交的文字资料包括：

(1)应提交包括所有现场勘察和室内研究的岩土工程资料。

(2)若相关，勘察报告应包括如下信息：

①岩土工程勘察的目的和范围，包括场地及其地貌的描述、规划结构的描述以及报告涉及的规划阶段。

②从岩土工程范畴对结构进行的分类。

③所有顾问咨询人员和分包商的姓名。

④进行现场勘察和室内研究的日期。

⑤对项目场地和特别注意的周边地区进行的实地勘查：

a. 有关地下水的证明资料；

b. 邻近结构的性能；

c. 采石场和取土区的情况；

d. 不稳定区域；

e. 场地和邻近地区进行的采矿工程的各种情况；

f. 开挖过程中的困难；

g. 场地的历史资料；

h. 场地的地质概况,包括断层作用；

i. 勘察资料,含说明结构及所有勘探点位置的平面图；

j. 从航空照片上获取的信息；

k. 该地区的地方经验；

l. 有关该地区地震活动的信息。

(3)岩土工程资料的提交应包括方法、程序和结果的书面记录,包括如下所有相关报告：

①理论研究；

②现场勘察,例如,取样、现场试验和地下水测量；

③室内试验。

(4)应按照勘察应用的 EN 和/或 ISO 标准的要求说明和报告现场调查和室内研究的结果。

提交原始资料与勘察报告主体所涵盖的内容,中欧标准也基本相同,所不同的是中国标准对报告中的图件有具体要求,而欧洲标准却没有这方面的要求。例如,GB 50021—2001 中 14.3 对于成果报告的基本要求如下：

(1)14.3.1 岩工工程勘察报告所依据的原始资料,应进行整理、检查、分析,确认无误后方可使用。

(2)14.3.2 岩土工程勘察报告应资料完整、真实准确、数据无误、图表清晰、结论有据、建议合理、便于使用和适宜长期保存,并应因地制宜,重点突出,有明确的工程针对性。

(3)14.3.3 岩土工程勘察报告应根据任务要求、勘察阶段、工程特点和地质条件等具体情况编写,并应包括下列内容:①勘察目的、任务要求和依据的技术标准;②拟建工程概况;③勘察方法和勘察工作布置;④场地地形、地貌、地层、地质构造、岩土性质及其均匀性;⑤各项岩土性质指标,岩土的强度参数、变形参数、地基承载力的建议值;⑥地下水埋藏情况、类型、水位及其变化;⑦土和水对建筑材料的腐蚀性;⑧可能影响工程稳定的不良地质作用的描述和对工程危害程度的评价;⑨场地稳定性和适宜性的评价。

(4)14.3.4 岩土工程勘察报告应对岩土利用、整治和改造的方案进行分析论证,提出建议;对工程施工和使用期间可能发生的岩土工程问题进行预测,提出监控和预防措施的建议。

(5)14.3.5 成果报告应附下列图件:①勘探点平面布置图;②工程地质柱状图;③工程地质剖面图;④原位测试成果图表;⑤室内试验成果图表。

注:当需要时,尚可附综合工程地质图、综合地质柱状图、地下水等水位线图、素描、照片、综合分析图表以及岩土利用、整治和改造方案的有关图表、岩土工程计算简图及计算成果图表等。

(6)14.3.6 对岩土的利用、整治和改造的建议,宜进行不同方案的技术经济论证,并提出对设计、施工和现场监测要求的建议。

(7)14.3.7 任务需要时,可提交下列专题报告:①岩土工程测试报告;②岩土工程检验或监测报告;③岩土工程事故调查与分析报告;④岩土利用、整治或改造方案报告;⑤专门岩土工程问题的技术咨询报告。

(8)14.3.9 对丙级岩土工程勘察的成果报告内容可适当简化,采用以图表为主,辅以必要的文字说明的形式;对甲级岩土工程勘察的成果报告除应符合本节规定外,尚可对专门性的岩土工程问题提交专门的试验报告、研究报告或监测报告。

6.3 岩土工程资料的评估

EN 1997-2 要求：

(1)对岩土工程资料的评估应作出书面记录备案,如果合适,评估内容包括:①按照本标准第3~5章的规定对现场勘察和室内试验的结果进行评估;②对现场勘察和室内研究结果以及6.2列出的其他所有信息进行审核;③对地层几何条件进行描述;④针对勘察结果对所有地层进行详细的描述,包括地层的物理性质以及变形和强度特征;⑤对不规则现象(如空腔和不连续材料区域)进行论述。

(2)如果合适,应对如下各项作出书面记录:①判读试验结果,判读时要考虑地下水位、地面类型、钻探方法、取样方法、运输、处理和试样制备;②根据得出的结果重新考虑理论研究和现场考察中假定的地层细分。

(3)如果合适,岩土工程资料评估的书面记录应包括:①以表格和图解的形式显示对场地横截面处进行的现场勘察和室内试验的结果,这些场地横截面显示了相关地层及其边界(包括与项目要求有关的地下水位);②每一地层的岩土工程参数值;③对岩土工程参数的导出值进行审核。

(4)取平均值会掩盖较弱的地带,所以应慎重使用。对软弱带的鉴定极为重要。岩土工程参数或系数的变化会显示出场地条件的重大变化。

(5)书面记录应包括将特定结果与各岩土工程参数的相关经验作对比,与其他能够测量相同岩土工程参数的室内试验和现场试验的任何结果对比时,要特别考虑指定地层的异常结果。

(6)评估的书面记录应证实如下内容:地面参数仅有较小差异的地层可视为一个地层。

(7)如果总体特性相关,并且可用选择的地层参数充分表达,则可将成分或力学特性差异较大的一系列细小层视为一个地层。

(8)推导近地面层边界以及地下水位时,如果间距足够小且地质状况接近一致,则可在勘探点之间进行线性插值,并应报告上述线性插值的情况,同时应对其合理性进行论证。

中国岩土工程勘察结果的评价要求和标准与欧洲标准基本一致,但侧重面略有差异。欧洲标准侧重于资料、数据以及原始记录的真实性与合理进行评估,而中国标准则侧重于对工程特性的评估。例如,GB 50021—2001 对岩土工程勘察结果的评价有如下规定:

(1)14.1.1　岩土工程分析评价应在工程地质测绘、勘探、测试和搜集已有资料的基础上,结合工程特点和要求进行。各类工程、不良地质作用和地质灾害以及各种特殊性岩土的分析评价,应分别符合本规范第4章、第5章和第6章的规定。

(2)14.1.2　岩土工程分析评价应符合下列要求:①充分了解工程结构的类型、特点、荷载情况和变形控制要求;②掌握场地的地质背景,考虑岩土材料的非均质性、各向异性和随时间的变化,评估岩土参数的不确定性,确定其最佳估值;③充分考虑当地经验和类似工程的经验;④对于理论依据不足、实践经验不多的岩土工程问题,可通过现场模型试验或足尺试验取得实测数据进行分析评价;⑤必要时可建议通过施工监测,调整设计和施工方案。

(3)14.1.3　岩土工程分析评价应在定性分析的基础上进行定量分析。岩土体的变形、强度和稳定应定量分析;场地的适宜性、场地地质条件的稳定性,可仅作定性分析。

(4)14.1.4　岩土工程计算应符合下列要求:①按承载能力极限状态计算,可用于评价岩土地基承载力和边坡、挡墙、地基稳定性等问题,可根据有关设计规范规定,用分项系数或总安全系数方法计算,有经验时也可用隐含安全系数的抗力容许值进行计算;②按正常使用极限状态要求进行验算控制,可用于评价岩土体的变形、动力反应、透水性和涌水量等。

(5)14.1.5　岩土工程的分析评价,应根据岩土工程勘察等级区别进行。对丙级岩土工程勘察,可根据邻近工程经验,结合触探和钻探取样试验资料进行;对乙级岩土工程勘察,应在详细勘探、测试的基础上,结合邻近工程经验进行,并提供岩土的强度和变形指标;对甲级岩土工程勘察,除按乙级要求进行外,尚宜提供荷载试验资料,必要时应对其中的复杂问题进行专门研究,并结合监测对评价结论进行检验。

(6)14.1.6 任务需要时,可根据工程原型或足尺试验岩土体性状的量测结果,用反分析的方法反求岩土参数,验证设计计算,查验工程效果或事故原因。

(7)14.2.1 岩土参数应根据工程特点和地质条件选用,并按下列内容评价其可靠性和适用性:①取样方法和其他因素对试验结果的影响;②采用的试验方法和取值标准;③不同测试方法所得结果的分析比较;④测试结果的离散程度;⑤测试方法与计算模型的配套性。

(8)14.2.2 岩土参数统计应符合下列要求:①岩土的物理力学指标,应按场地的工程地质单元和层位分别统计;②应计算平均值、标准差和变异系数;③分析数据的分布情况并说明数据的取舍标准。

(9)14.2.5 在岩土工程勘察报告中,应按下列不同情况提供岩土参数值:①一般情况下,应提供岩土参数的平均值、标准差、变异系数、数据分布范围和数据的数量;②承载能力极限状态计算所需要的岩土参数标准值,应按式(14.2.4-1)计算;当设计规范另有专门规定的标准值取值方法时,可按有关规范执行。

6.4 导出值的确定

EN 1997-2 要求:

若应用相关性推导岩土工程参数或系数,则应对相关性及其适用性做出书面记录。

GB 50021—2001 中 14.2.3 规定主要参数宜绘制沿深度变化的图件,并按变化特点划分为相关型和非相关型。需要时应分析参数在水平方向上的变异规律。相关型参数宜结合岩土参数与深度的经验关系,确定剩余标准差,并用剩余标准差计算变异系数。

$$\sigma_r = \sigma_f \sqrt{1 - r^2} \tag{6-1}$$

$$\delta = \frac{\sigma_r}{\varphi_m} \tag{6-2}$$

式中:σ_r——剩余标准差;

r——相关系数;对非相关型,$r = 0$。

6.5 本章小结

本章以中欧标准关于岩土工程勘察报告对比汇总表作为小结,详见表 6-1。

中欧标准关于岩土工程勘察报告内容对比 表 6-1

项目	EN 1997-2	GB 50021—2001
基本要求	(1)作为岩土工程设计报告的一部分 (2)报告内容包括: ①所有岩土工程资料 ②资料评估,试验假设条件 (3)应包含导出值 (4)进一步工作的建议 (5)提交图件未明确	(1)岩土工程报告是独立的报告 (2)所依据的原始资料,应整理分析,确认后方可使用 (3)应资料完整、真实准确、数据无误、结论有据、建议合理,有明确的工程针对性 (4)进一步工作的建议;对工程施工和使用期间可能发生的岩土工程问题的预测、监控和预防措施 (5)成果报告应附下列图件: ①勘探点平面布置图 ②工程地质柱状图 ③工程地质剖面图 ④原位测试成果图表 ⑤室内试验成果图表
评述	未明确附图要求	附图要求具体,内容比欧洲标准具有可操作性

续上表

项目	EN 1997-2	GB 50021—2001
岩土工程资料的提交	(1)应提交包括所有现场勘察和室内研究的岩土工程资料 (2)岩土工程勘察的目的和范围,包括场地及其地貌的描述、规划结构的描述以及报告涉及的规划阶段 ①从岩土工程范畴对结构进行的分类 ②所有顾问咨询人员和分包商的姓名 ③进行现场勘察和室内研究的日期 ④对项目场地和特别注意的周边地区进行的实地勘查 (3)岩土工程资料的提交应包括方法、程序和结果的书面记录,包括如下所有相关报告: ①理论研究 ②现场勘察,例如,取样、现场试验和地下水测量 ③室内试验 (4)应按照勘察应用的 EN 和/或 ISO 标准的要求说明和报告现场调查和室内研究的结果	(1)勘察目的、任务要求和依据的技术标准 (2)拟建工程概况 (3)勘察方法和勘察工作布置 (4)场地地形、地貌、地层、地质构造、岩土性质及其均匀性 (5)各项岩土性质指标,岩土的强度参数、变形参数、地基承载力的建议值 (6)地下水埋藏情况、类型、水位及其变化 (7)土和水对建筑材料的腐蚀性 (8)可能影响工程稳定的不良地质作用的描述和对工程危害程度的评价 (9)场地稳定性和适宜性的评价
评述	内容基本相同,强调理论研究	强调工程应用
岩土工程资料评估	(1)按照本标准第 3 ~ 5 章的规定对现场勘察和室内试验的结果进行评估 (2)对现场勘察和室内研究结果以及列出的其他所有信息进行审核 ①对地层几何条件进行描述 ②针对勘察结果对所有地层进行详细描述,包括地层的物理性质以及变形和强度特征 ③对不规则现象(如空腔和不连续材料区域)进行论述	(1)岩土工程地质分层 (2)岩土参数的统计分析 (3)场地稳定性和适宜性 (4)场地地震效应 (5)地基基础方案 (6)基坑工程方案等
评述	主要对材料的科学性、真实性与可靠性进行评估	主要对工程的适宜性进行评估
参数取值评估	若应用相关性推导岩土工程参数或系数,则应对相关性及其适用性做出书面记录	主要参数宜绘制沿深度变化的图件,并按变化特点划分为相关型和非相关型。需要时应分析参数在水平方向上的变异规律
评述	主要地层参数的相关性分析与推测	与欧洲标准要求相同

附录 A 岩土工程试验标准结果汇总

表 A.1 列出了原位试验和室内试验中应在《岩土勘察报告》中提交的试验结果。

岩土工程试验标准结果汇总表 表 A.1

原位试验[a]	试验结果
静力触探试验	• 锥头贯入阻力(q_c) • 局部单位侧摩阻力(f_s) • 摩阻比(R_f)
孔压静力触探试验	• 修正后的锥头阻力(q_t) • 局部单位侧摩阻力(f_s) • 孔隙水压力(u)
动力触探试验	• 如下试验的锤击数 N_{10}:轻型动力触探、中型动力触探、重型动力触探 • 超重型动力触探试验的锤击数 N_{10} 或 N_{20}
标准贯入试验	• 锤击数 N • 能量修正 E_T • 土层描述
梅纳旁压试验	• 旁压模量(E_M) • 蠕变压力(p_f) • 极限压力(P_{LM}) • 膨胀曲线
柔性膨胀试验	• 膨胀模量(E_{FDT}) • 变形曲线
其他旁压试验	• 膨胀曲线
现场十字板试验	• 不排水抗剪强度(未修正)(c_{fV}) • 重塑不排水抗剪强度(c_{rV}) • 扭矩-转动曲线
重力探测试验	• 重力探测阻力的连续记录 • 重力探测阻力为标准荷载的贯入深度或者标准荷载为 1kN 时每 0.2m 贯入度所需的半转数
平板载荷试验	• 极限接触压力(p_u)

续上表

现场试验[a]	试验结果
扁铲侧胀试验	• 修正过的初始侧力(p_0) • 修正过的 1.1mm 处的侧压力(p_1) • 侧胀模量(E_{DMT})、材料指数(I_{DMT})和水平应力指数(K_{DMT})
室内试验[b]	**试验结果**
含水率试验(土)	• (w)的值
大块体积密度试验(土)	• (ρ)的值
颗粒质量密度试验(土)	• (ρ_s)的值
粒径分布试验(土)	• 粒径分布曲线
稠度极限试验(土)	• 塑限值(w_P)和液限值(w_L)
相对密度试验(土)	• e_{max}、e_{min}和 I_D 的值
有机质含量试验(土)	• 有机质含量(C_{OM})的值
碳酸盐含量试验(土)	• 碳酸盐含量(C_{CaCO_3})的值
硫酸盐含量试验(土)	• 硫酸盐含量($C_{SO_4}{}^{2-}$)或($C_{SO_3}{}^{2-}$)的值
亚氯酸盐含量试验(土)	• 亚氯酸盐含量(C_{cl})的值
pH 值试验(土)	• pH 值
压缩试验(土)	• 压缩曲线(不同选项) • 固结曲线(不同选择) • 二次压缩曲线(蠕变曲线) • E_{oed}(应力区间)和 σ'_p 或 C_s、C_c、σ'_p的值 • C_α 的值
室内十字板试验(土)	• 强度指标(c_u)的值
落锥试验(土)	• 强度指标(c_u)的值
无侧限压缩试验(土)	• 强度指标 $q_u=2c_u$的值
不固结不排水压缩试验(土)	• 不排水抗剪强度(c_u)的值
固结三轴压缩试验(土)	• 应力-应变曲线(s)和孔隙压力曲线 • 应力路径 • 莫尔圆 • c'、φ'或 c_u • c_u随 σ'_c的变化 • 变形参数(s)(E')或(E_u)
固结直剪试验(土)	• 应力-位移曲线 • τ-σ 图 • c'、φ' • 残余参数
加州承载比试验(土)	• 加州承载比指数(I_{CBR})的值
渗透试验(土)	• 渗透性系数(k)的值: • 从室内直接渗透试验中得出 • 从现场渗透试验中得出 • 从固结试验中得出
含水率试验(岩石)	• w 的值
密度与孔隙率试验(岩石)	• ρ 和 n 的值
膨胀试验(岩石)	• 膨胀应变指数 • 膨胀压力 • 自由膨胀率 • 恒定荷载时的膨胀度

续上表

室内试验[b]	试验结果
单轴压缩和变形试验(岩石)	• σ_c 的值 • 变形模量(E)的值 • 泊松比(ν)的值
点荷载试验(岩石)	• 强度指标 I_{S50}
直剪试验(岩石)	• 应力-位移曲线 • 莫尔图 • c'、φ' • 残余参数
巴西试验(岩石)	• 抗拉强度(σ_T)
三轴压缩试验(岩石)	• 应力-应变曲线(s) • 应力路径 • 莫尔圆 • c'、φ' • 变形模量(E)和泊松比(ν)的值

注:[a]参见第4章。
[b]参见第5章。

附录 B
岩土工程勘察规划

B.1　岩土工程设计中的场地勘察、工程施工和结构使用阶段(图 B.1)

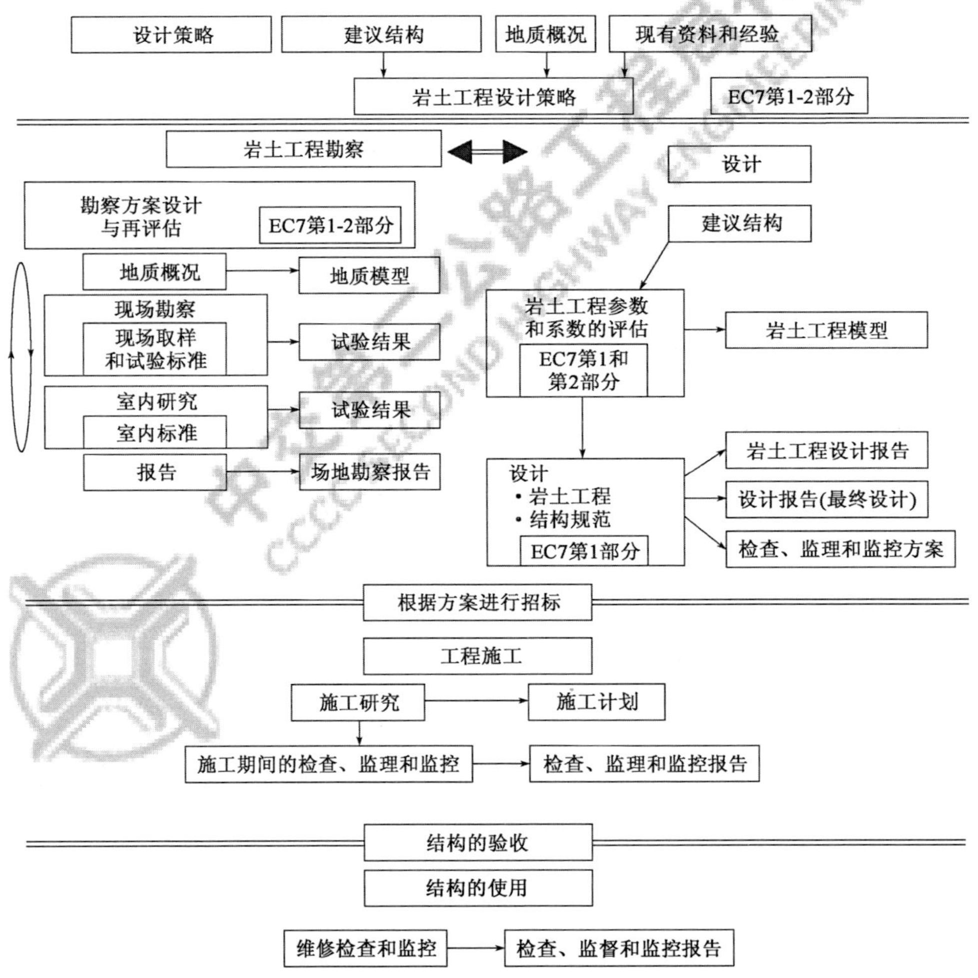

图 B.1　岩土工程设计中的场地勘察阶段、工程施工和结构使用流程图

B.2 不同阶段岩土勘查方法的选择(表 B.1)

不同阶段场地调查方法的选择示例　　　　表 B.1

初步勘察		设计勘察			控制勘察	
对地形图、地质图、水文地质图进行内业分析	细粒土 CPT、SS、DP 或 SPT 取样(PS、TP、CS、OS)PMT、GW	基础设计方法的初步选择	桩基础	SS、CPT、DP、SPT 或 SR,取样(PS、OS、CS)FVT、PMT、GWC(PIL)	基础方法和设计程序选择的验证,施工过程中地基处理和稳定性控制	PIL、打桩试验 应力波测量 GWC、沉降 测斜
			浅基础	SS 或 CPT、DP,取样(PS、OS、CS、TP)、FVT、DMT 或 PMT、BJT、GW		检查土类类型 检查刚度(CPT) 沉降 倾斜 GWC 由于含水率变化引起的体积变化
矿物提取航空照片解析先前建筑物和勘察的档案 场地考察	粗粒土 SS、CPT、DP、SR、SPT、AS、OS、TP、GW		桩基础	CPT、DP 或 SPT,取样(PS、OS、AS)、FVT、DMT、GWO、(PIL)		PIL、打桩试验 应力波测量 GWC、沉降 测斜
			浅基础	CPT + DP、SPT、(PS、OS、AS、TP)、PMT、BJT、DMT、(PLT)、GWO		检查土体类型 检查刚度(CPT) 沉降
初步地球物理测量 初步深入勘察	岩土 SR、CPT、MWD、PLT CS、AS、TP、GW		桩基础或浅基础	MWD 的 SR,裂隙图,对于 TP、CS、RDT(PMT、BJT,对于风化岩石)、GWO		检查岩石及其表面的产状和结构面 检查桩和岩石表面接触 验证水流和水压

缩略词

现场试验				取样		地下水测量	
BJT	钻孔千斤顶试验	PMT	旁压试验	PS	活塞式取样器	GW	地下水测量
DP	动力触探	DMT	膨胀试验	CS	岩芯取样器	GWO	带开放系统的地下水测量
SR	土/岩石探测	FVT	现场十字板试验	AS	螺旋取样器	GWC	带闭合系统的地下水测量
SS	静力触探(例如,重力探测试验-WST)	PLT	平板载荷试验	OS	开口式取样器		
CPT(U)	孔压静力触探试验(记录空隙压力)	MWD	钻孔的同时进行测量	TP	探坑取样		
SPT	标准贯入试验	SE	地震测量				
		PIL	桩载荷试验				
		RDT	岩石膨胀试验				

注:本表不包括地质勘察和测井;本表中未显示室内试验。

B.3 关于勘探间距和勘探深度的建议示例

(1)下述勘探点间距为指导性的:①对于高层建筑和工业结构,采用网格模式,勘探点间距为 15～40m;②对于大面积结构,采用网格模式,勘探点间距不超过 60m;③对于线性结构(公路、铁路、沟渠、管道、堤防、隧道、挡土墙),勘探点间距为 20～200m;④对于特殊结构(如桥梁、烟囱、机械设备底座），每个基础应布置 2 ~ 6 个勘探点；⑤对于坝堤，应沿相关截面布置勘探点，间距为 25 ~ 75m。

（2）对于勘探深度 z_a，如下值应用作指导值。（z_a 的基准面为结构或结构构件基础的最低点，或为开挖基准面。）若规定一种以上的备选方案确定 z_a，则应采用最大值。

（3）如果存在不利地质条件，如位于具有较高承载能力的地层下部的软弱或可压缩地层，则须选择更大的勘探深度。

（4）如果 B.3（5）~ B.3（8）和 B.3（13）所述结构建造在坚硬的地层上，勘探深度应折减为 $z_a = 2$m，难以辨认地层特性的情形除外，在这种情况下，应至少将一处钻孔的勘探深度降为 $z_a = 5$m。如果基岩层与规划的结构基础重合，应视为 z_a 的基准面。否则，z_a 指基岩层表面。

（5）对于土木工程项目中的高层建筑，应采用如下情形的较大值［图 B.2a）］：

①$z_a \geqslant 6$m

②$z_a \geqslant 3.0b_F$

式中：b_F——地基的较短边长。

（6）对于板式基础和包含几个基础单元（在较深的地层中会相互影响的单元）的结构：

$$z_a \geqslant 1.5 \times b_B$$

式中：b_B——结构的较短边长［图 B.2b）］。

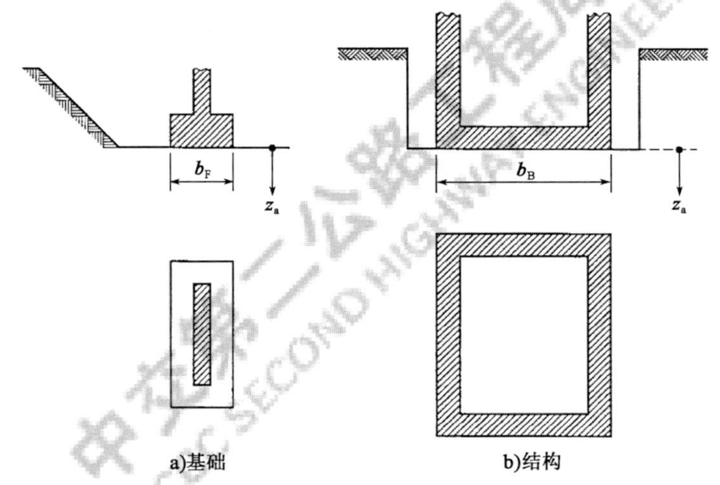

图 B.2　土木工程项目中的高层建筑

（7）对于填方和挖方，应取如下条件的较大值（图 B.3）：

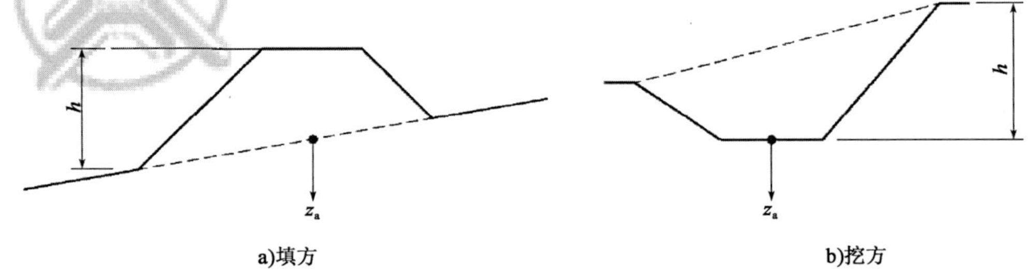

图 B.3　填方和挖方

①对于堤坝：

a. $0.8h < z_a < 1.2h$

b. $z_a \geqslant 6$m

式中：h——填方高度。

②对于挖方：

a. $z_a \geqslant 2.0\text{m}$

b. $z_a \geqslant 0.4h$

式中：h——坝高或挖方深度。

(8) 对于线性结构，应取如下条件的较大值(图 B.4)：

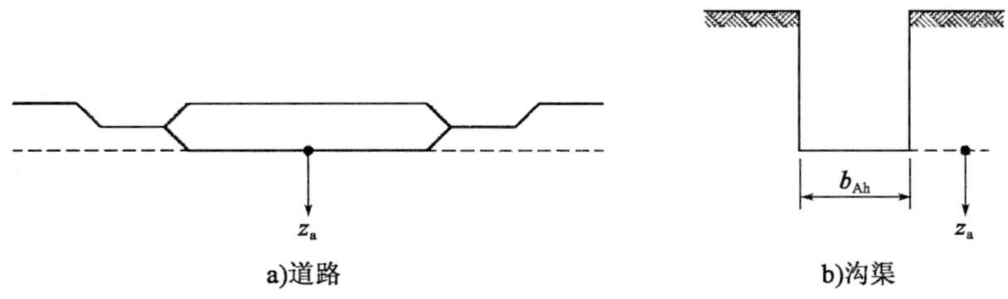

图 B.4 线性结构

①对于道路和机场：

$z_a \geqslant$ 规划施工基准面下方 2m

②对于沟渠和管道，为下式中的较大值：

a. $z_a \geqslant$ 管道内底标高下方 2m

b. $z_a \geqslant 1.5b_{Ah}$

式中：b_{Ah}——开挖的宽度。

③应遵照填方和挖方的相关建议。

(9) 对于小型隧道和岩洞(图 B.5)：

$$b_{Ab} < z_a < 2.0b_{Ab}$$

式中：b_{Ab}——开挖的宽度。

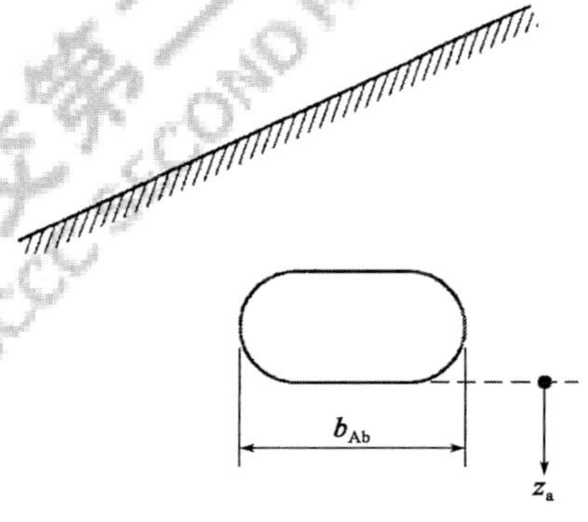

图 B.5 隧道和岩洞

也应考虑(10)中所述的地下水条件。

(10) 开挖(图 B.6)。

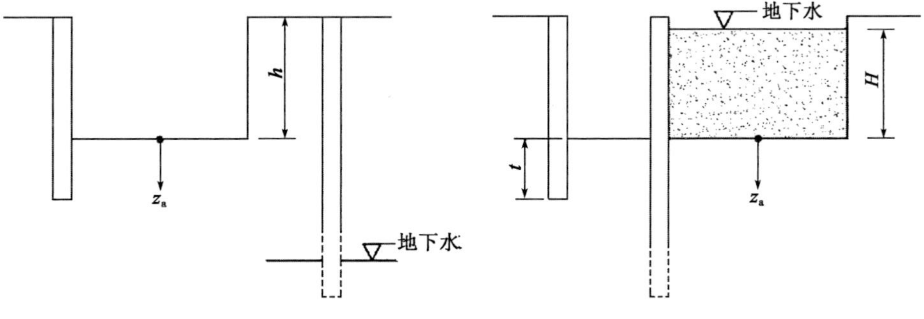

图 B.6 开挖

①若测压水面和地下水位位于开挖基线的下方，则应取如下条件的较大值：

a. $z_a \geq 0.4h$

b. $z_a \geq t + 2.0\mathrm{m}$

式中：t——支承的埋入长度；

h——开挖深度。

②若测压水面和地下水位位于开挖基线的上方，则应取如下条件的较大值：

a. $z_a \geq 1.0H + 2.0\mathrm{m}$

b. $z_a \geq t + 2.0\mathrm{m}$

式中：H——开挖基线上方地下水位的高度；

t——支承的埋入长度。

如果没有地层在地下水位线之下，z_a 应该满足以下深度：

$$z_a \geq t + 5\mathrm{m}$$

(11)对于挡水结构，应规定：z_a随着规划的积滞水位、水文地质条件和施工方法的变化而变化。

(12)对于防渗墙(图 B.7)：

$z_a \geq 2\mathrm{m}$，位于地下水位线以下的地层面之下。

(13)对于桩(参见图 B.8)：应满足如下三种条件：

①$z_a \geq 1.0b_g$

②$z_a \geq 5.0\mathrm{m}$

③$z_a \geq 3D_F$

式中：D_F——桩基直径；

b_g——基础底面桩群形成的长方形的较短边。

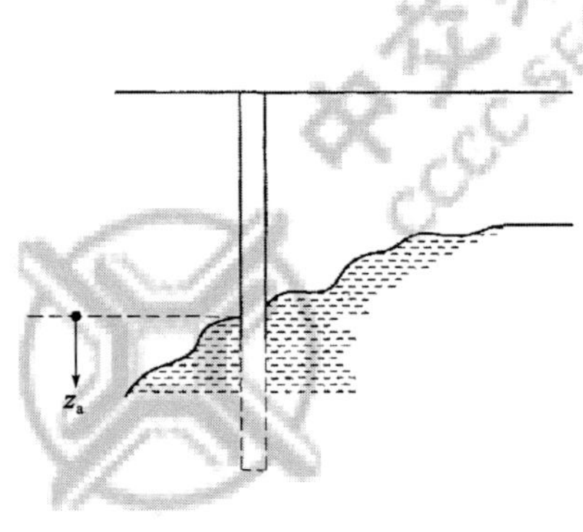

图 B.7 防渗墙

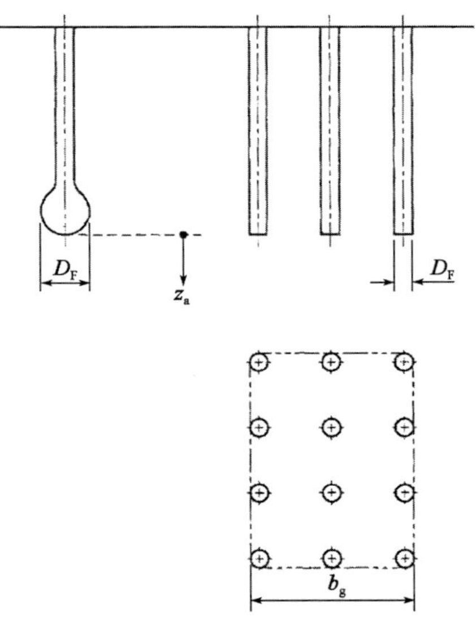

图 B.8 桩群

附录 C

基于模型和长期测量结果推导地下水压力示例

(1)天然地下水为水循环的一部分,水循环受降雨量、蒸发、融雪和地表径流等的影响。

(2)为建立土木工程项目中的房屋建筑所在场地和周围地区的地下水状况模型,应将可用水文地质资料汇总并与实际地下水测量结果对照。包括:

①水位波动。

②水文地质图。

③先前地区周围的观测。

④地表水的典型水位或水井中的典型水位。

⑤在类似含水层中进行的长期观测。

(3)针对各项目进行的地下水测量,通常,仅包括一系列短期测量。在此情况下,针对实际设计情形和场地对地下水压力进行预测是极为重要的。可基于上文提到的模型,以及在与项目相同区域内类似含水层中进行的长期地下水观测,并结合现场短期观测结果进行预测。

(4)应用统计法,可以参考系统15年观测结果,以及实际场地3个月测量结果预测几千帕范围内的地下水压力(图C.1)。

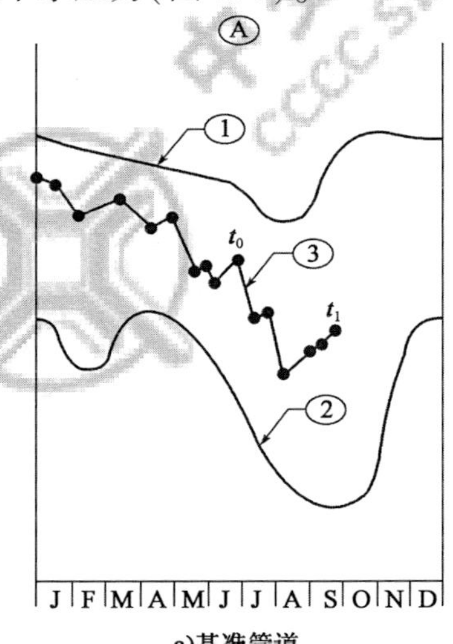

a)基准管道

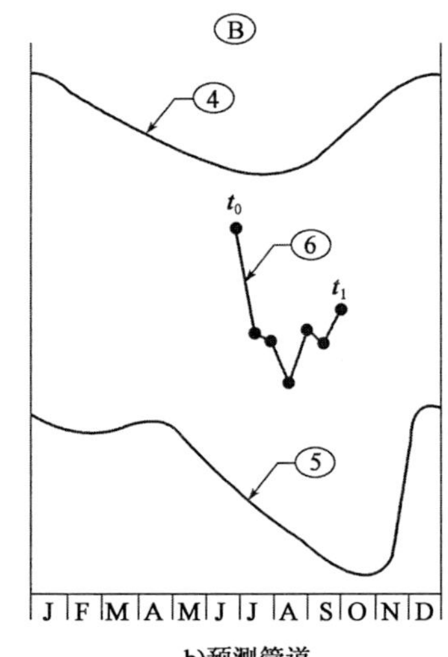

b)预测管道

图C.1 实测地下水位和预测地下水位

①-15年中在基准管道内测得的最大地下水位;②-15年中在基准管道内测得的最小地下水位;③-与在实际试验场地的预测管道内进行观测的年份相同的时间内在基准管道内测得的地下水位;④-在实际试验场地的预测管道内预测的最大地下水位;⑤-在实际试验场地的预测管道内预测的最小地下水位;⑥-t_0 ~ t_1 的时间内,在试验场地的预测管道内测得的地下水位值

注:左侧图为基准管道内的最大和最小地下水位,右侧图为预测管道内的最大/最小地下水位

(5)还可以通过概念模型模拟地下水波动。降雨量和气温可用作此模型的输入数据。对照该区域长期测得的地下水波动校准地下水响应。

附录 D

静力触探试验和孔压静力触探试验

D.1 推导有效内摩擦角和排水弹性模量值的示例

表 D.1 给出一个示例，该例用于从 q_c 值推导出石英砂和长石砂的有效内摩擦角(φ')和排水(长期排水)弹性模量(E')的值，这些值用于计算扩展基础的承载强度和沉降。

此例通过地层 q_c 平均值与 φ' 和 E' 平均值的相关性而实现。

从锥头贯入阻力(q_c)中导出石英砂和长石砂的有效内摩擦角(φ')与排水弹性模量(E')　表 D.1

相对密度	锥头贯入阻力(q_c)(源于静力触探试验)(MPa)	有效内摩擦角[a](φ')(°)	排水弹性模量[b](E')(MPa)
非常松散	0.0 ~ 2.5	29 ~ 32	<10
松散	2.5 ~ 5.0	32 ~ 35	10 ~ 20
中等致密	5.0 ~ 10.0	35 ~ 37	20 ~ 30
致密	10.0 ~ 20.0	37 ~ 40	30 ~ 60
非常致密	>20.0	40 ~ 42	60 ~ 90

注：[a]给出的值适用于砂土。对于粉砂土，应折减 3°；对于砾石，应增加 2°。

[b]E' 近似为与应力和时间有关的割线模量。针对排水模量给出的值与 10 年的沉降相对应。上述值是在假定垂直应力分布遵循 2:1 的近似比例的情况下得出的。

此外，某些勘察显示，对于粉砂土，上述值会降低 50%，而对于砾质土，会增加 50%。对于超固结粗粒土，模量会高很多。承载能力极限状态下地层压力大于设计承载力的 2/3 的情况下计算沉降时，应将模量设置为上表中给出的值的一半。

D.2 锥头贯入阻力与有效内摩擦角之间的相关性示例

以下给出了从砂层的静力触探试验锥头贯入阻力(q_c)中推导有效内摩擦角(φ')的示例。

决定性的相关性如下：

$$\varphi' = 13.5 \times \lg q_c + 23$$

式中：φ'——有效内摩擦角(°)；

q_c——锥头贯入阻力(MPa)。

上式适用于地下水上方不良级配砂($C_u < 3$)以及在 $5\text{MPa} < q_c < 28\text{MPa}$ 范围内的锥头贯入阻力。

D.3 确定扩展基础沉降的方法示例

(1)以下给出了一个半经验法示例,该方法用于计算粗粒土中扩展基础的沉降。本方法中拟使用的弹性模量(E')的值从锥头贯入阻力(q_c)中导出:

①$E' = 2.5q_c$,对于轴对称(圆形和方形)基础。

②$E' = 3.5q_c$,对于平面应变(条形)基础。

(2)荷载压力(q)作用下基础的沉降(s)为

$$s = C_1 \times C_2 \times (q - \sigma'_{v0}) \times \int_0^{z_1} \frac{I_z}{C_3 E'} dz$$

式中:C_1——等于 $1 - 0.5 \times [\sigma'_{v0}/(q - \sigma'_{v0})]$;

C_2——等于 $1.2 + 0.2 \times \lg t$;

C_3——扩展基础的形状修正系数:取 1.25(对于方形基础);取 1.75(对于 $L > 10B$ 的条形基础);

σ'_{v0}——地基层面上的初始有效竖向应力;

t——时间(年);

I_z——应变影响系数。

(3)图 D.1 给出了轴对称(圆形和方形)扩展基础和平面应变基础(条形扩展基础)的竖向应变影响系数(I_z)的分布。

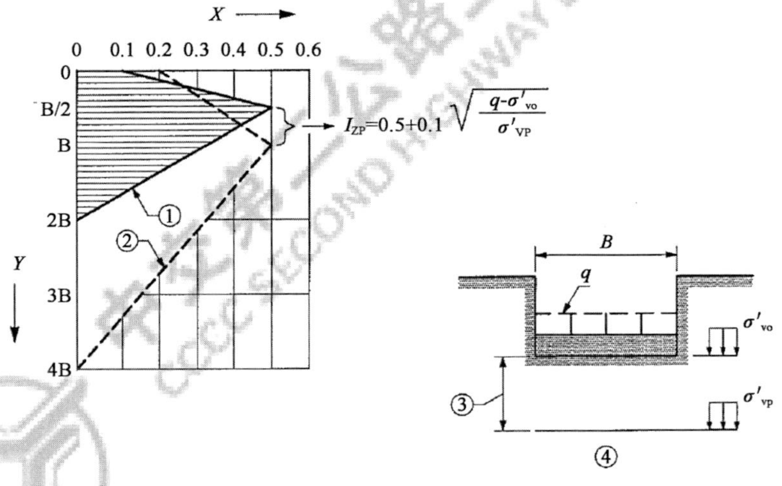

图 D.1 应变影响系数示意图

X-刚性基础竖向应变影响系数 I_z;Y-地基下的相对深度;①-对称轴($L/B = 1$);②-平面应变($L/B > 10$);③-$B/2$(对称轴);B(平面应变);④-至 I_{zp} 的深度

D.4 侧向压缩模量 E_{oed} 与锥头贯入阻力 q_c 之间的相关性示例

表 D.2 给出了不同类别土层的 α 值随锥头贯入阻力 q_c 的变化。

α 值的示例 表 D.2

土壤	q_c	α
低塑性黏土	$q_c \leq 0.7$MPa	$3 < \alpha < 8$
	$0.7 < q_c < 2$MPa	$2 < \alpha < 5$
	$q_c \geq 2$MPa	$1 < \alpha < 2.5$

续上表

土　　壤	q_c		α
低塑性粉土	$q_c<2\text{MPa}$		$3<\alpha<6$
	$q_c\geqslant 2\text{MPa}$		$1<\alpha<2$
塑性强的黏土	$q_c<2\text{MPa}$		$2<\alpha<6$
塑性强的粉土	$q_c>2\text{MPa}$		$1<\alpha<2$
有机质粉土	$q_c<1.2\text{MPa}$		$2<\alpha<8$
泥炭质黏土和有机质黏土	$q_c<0.7\text{MPa}$	$50<w\leqslant 100$	$1.5<\alpha<4$
		$100<w\leqslant 200$	$1<\alpha<1.5$
		$w>300$	$\alpha<0.4$
白垩	$2<q_c\leqslant 3\text{MPa}$		$2<\alpha<4$
	$q_c>3\text{MPa}$		$1.5<\alpha<3$

注：w 为含水量(%)。

D.5 从静力触探试验结果确定与应力有关的侧向压缩模量的示例

此处给出了与竖向应力有关的侧向压缩模量(E_{oed})的推导示例，通常建议将此模量用于扩展基础的沉降计算，其定义如下：

$$E_{\text{oed}} = w_1 p_a \left(\frac{\sigma'_{v0} + 0.5\Delta\sigma'_v}{p_a}\right)$$

式中：w_1——刚度系数；

w_2——刚度指数：对于均匀系数 $C_u\leqslant 3$ 的砂，$w_2=0.5$；对于低塑性($I_P\leqslant 10$；$w_L\leqslant 35$)的黏土，$w_2=0.6$；

σ'_v——基底有效竖向应力，或土覆盖层产生的基底下方任意深度处的有效竖向应力；

$\Delta\sigma'_v$——基底处或基底下方任意深度处的结构引起的有效竖向应力；

p_a——大气压力；

I_P——塑性指数；

w_L——液限。

例如，可应用下式从静力触探试验结果中推导出刚度系数 w_1 的值(依土类变化)：

地下水上方的不良级配砂($C_u\leqslant 3$)：

$$w_1 = 167\lg q_c + 113 \qquad (\text{适用范围}：5\leqslant q_c\leqslant 30)$$

地下水上方的良好级配砂($C_u>6$)：

$$w_1 = 463\lg q_c - 13 \qquad (\text{适用范围}：5\leqslant q_c\leqslant 30)$$

地下水上方的干硬性至少为($0.75\leqslant I_c\leqslant 1.30$)的低塑性黏土($I_c$ 为稠度指数)：

$$w_1 = 15.2q_c + 50 \qquad (\text{适用范围}：0.6\leqslant q_c\leqslant 3.5)$$

D.6 单桩抗压承载力和锥头贯入阻力之间的相关性示例

表 D.3 和表 D.4 中给出了粗粒土(含少量细土或不含细土)的静载荷试验和静力触探试验结果之间经过确认的相关性示例。给出的现浇桩的单位端阻力 p_b 和单位桩侧阻力 p_s 随着锥头贯入阻力(q_c)(静力触探试验)和相对桩头沉降而变化。

粗粒土(含少量细土或不含细土)中现浇桩的单位桩端阻力 p_b 表 D.3

标准沉降 s/D_s;s/D_b	平均锥头贯入阻力 q_c(静力触探试验,MPa)时的单位桩端阻力 p_b(MPa)			
	$q_c=10$	$q_c=15$	$q_c=20$	$q_c=25$
0.02	0.70	1.05	1.40	1.75
0.03	0.90	1.35	1.80	2.25
0.10($=s_g$)	2.00	3.00	3.50	4.00

注:1. 可对中间值进行线性内插取值;若为扩底现浇桩,则上述值应乘以 0.75。

2. s-标准桩头沉降;D_s-桩身直径;D_b-桩基直径;s_g-桩头的极限沉降。

粗粒土(含少量细土或不含细土)中现浇桩的单位桩侧阻力 p_s 表 D.4

平均锥头贯入阻力 q_c(静力触探试验)(MPa)	单位桩侧阻力 p_s(MPa)
0	0
5	0.040
10	0.080
≥15	0.120

注:1. 可对中间值进行线性内插取值。

2. 本例为从采用电测式圆锥贯入仪进行试验的结果中得出的示例。

3. 本例出版在 DIN 1054(2003-01)中。

D.7 确定单桩抗压承载力的方法示例

(1)以下给出了基于电测式静力触探试验中得出的 q_c 值来确定单桩的最大承载力的示例。对于超固结或者完成静力触探试验后进行开挖的情况,q_c 值应折减。

(2)按下式计算桩的最大抗压承载力:

$$F_{max} = F_{max;base} + F_{max;shaft}$$

$$F_{max;base} = A_{base} + p_{max;base}$$

且

$$F_{max;shaft} = C_p \int_0^{\Delta L} p_{max;shaft;z} \mathrm{d}z$$

式中:A_{base}——桩端的横截面面积(m^2);

C_p——桩端所在地层中桩侧部分的周长(m);

F_{max}——桩的最大抗压承载力(MN);

$F_{max;base}$——最大桩端承载力(MN);

$F_{max;shaft}$——最大桩侧承载力(MN);

$p_{max;shaft;z}$——深度 z 处的最大单位桩侧阻力(MPa);

$p_{max;base}$——最大单位桩端阻力(MPa);

ΔL——桩端(q_c<2MPa)至桩端上方第一层土层底部的距离(m);并且,如适用,ΔL≤桩端扩大部分的长度;

z——竖直方向(正下方)上的深度。

D_{eq}为桩端的等效直径(m),公式如下:

$$D_{eq} = 1.13 \times a \sqrt{\frac{b}{a}}$$

式中:a——桩端平面的较短边长(m);

b——较长边长(m),且 $b \leq 1.5 \times a$。

(3)可按下式得出最大桩端阻力 $p_{max;base}$:

$$p_{\max;base}=0.5\alpha_p\beta s\left(\frac{q_{c;\mathrm{I};mean}+q_{c;\mathrm{II};mean}}{2}+q_{c;\mathrm{III};mean}\right)$$

且

$$p_{\max;base}\leqslant 1.5\mathrm{MPa}$$

式中：α_p——表 D.5 中给出的桩类别系数；

β——考虑图 D.2 所示的桩底形状的系数；通过在图 D.2 中给出的边界之间进行内插取值得出 β；

s——考虑桩基形状的系数，其按下式计算：

$$s=\frac{1+\dfrac{\sin\varphi'}{r}}{1+\sin\varphi'}$$

式中：r——等于 L/B；

L——矩形桩尖的较长边；

B——矩形桩尖的较短边；

φ'——有效内摩擦角；

$q_{c;\mathrm{I};mean}$——从桩端平面到至少为等效桩端直径 D_{eq}（图 D.3）的 0.7 倍且至多为其 4 倍的深度处 $q_{c;\mathrm{I}}$ 的平均值；

$$q_{c;\mathrm{I};mean}=\frac{1}{d_{crit}}\int_0^{d_{crit}}q_{c;\mathrm{I}}\,\mathrm{d}z$$

式中：$0.8D_{eq}<d_{crit}<4D_{eq}$。在临界深度处 $p_{\max;base}$ 的计算值为最小值。$q_{c;\mathrm{II};mean}$ 为临界深度向上至桩基（图 D.3）的深度上 $q_{c;\mathrm{II}}$ 的最低值的平均值；

$$q_{c;\mathrm{II};mean}=\frac{1}{d_{crit}}\int_{d_{crit}}^{0}q_{c;\mathrm{II}}\,\mathrm{d}z$$

$q_{c,\mathrm{III};mean}$ 为桩端平面到桩端上方为桩端直径的 8 倍的平面的深度区间上，或为桩基上方 $b>1.5\times a$ 到 $b>8\times a$ 处 $q_{c;\mathrm{III}}$ 的平均值。本程序从用于 $q_{c;\mathrm{II};mean}$ 计算（图 D.3）的 $q_{c;\mathrm{II}}$ 最低值开始；

$$q_{c;\mathrm{III};mean}=\frac{1}{8d_{eq}}\int_0^{8D_{eq}}q_{c,\mathrm{III}}\,\mathrm{d}z$$

除非桩施工完成后，在距桩 ≤1m 的地方进行静力触探试验，且试验结果用于计算抗压承载力，否则，对于长螺旋钻孔混凝土压注桩，$q_{c;\mathrm{III};mean}$ 不能超过 2MPa；

应按下式计算最大桩侧阻力 $p_{\max;shaft;z}$：

$$p_{\max;shaft;z}=\alpha_s\times q_{c;z;a}$$

式中：α_s——表 D.5 和表 D.6 所述的系数；

$q_{c;z;a}$——z 深度处 q_c 的临界值（MPa）。

如果 1m 或 1m 以上的连续深度区间上 $q_{c;z}\geqslant 12\mathrm{MPa}$，则此区间内 $q_{c;z;a}\leqslant 15\mathrm{MPa}$。

如果 $q_{c;z;a}>12\mathrm{MPa}$ 的深度区间厚度低于 1m，则此区间内 $q_c\leqslant 12\mathrm{MPa}$。

砂和砾质砂 α_p 和 α_s 的最大值 表 D.5

桩类别或类型	α_p	α_s^a
挤土型桩，直径 >150mm		
• 打入式预制桩	1.0	0.010
• 通过打入闭口钢管而制成的现浇桩。在浇注混凝土期间回收钢管	1.0	0.012

续上表

桩类别或类型	α_p	α_s^a
换土型桩,直径>150mm		
• 螺旋钻孔灌注桩	0.8	0.006[b]
• 钻孔桩(带钻探泥浆)	0.6	0.005

注:[a]适用于细砂和粗砂的值。对于非常粗的砂,必须使用折减系数0.75;对于砾石,折减系数为0.5。

[b]对于在安装桩之前进行的静力触探试验,应在使用该试验结果时用到上述值。如果在螺旋钻孔灌注桩邻近地区进行静力触探试验,则 α_s 可增至0.01。

黏土、粉土和泥炭质土的最大 α_s 值 表 D.6

土 类 型	q_c(MPa)	α_s
黏土	>3	<0.030
黏土	<3	<0.020
粉土		<0.025
泥炭质土		0

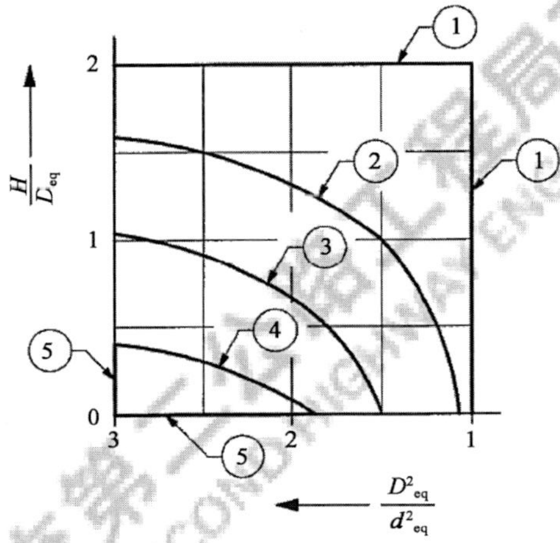

图 D.2 桩底形状系数(β)

①-边线1:$\beta=1.0$;②-边线2:$\beta=0.9$;③-边线3:$\beta=0.8$;④-边线4:$\beta=0.7$;⑤-边线5:$\beta=0.6$。

注:有关 H、D_{eq} 和 d_{eq},请见图 D.3。

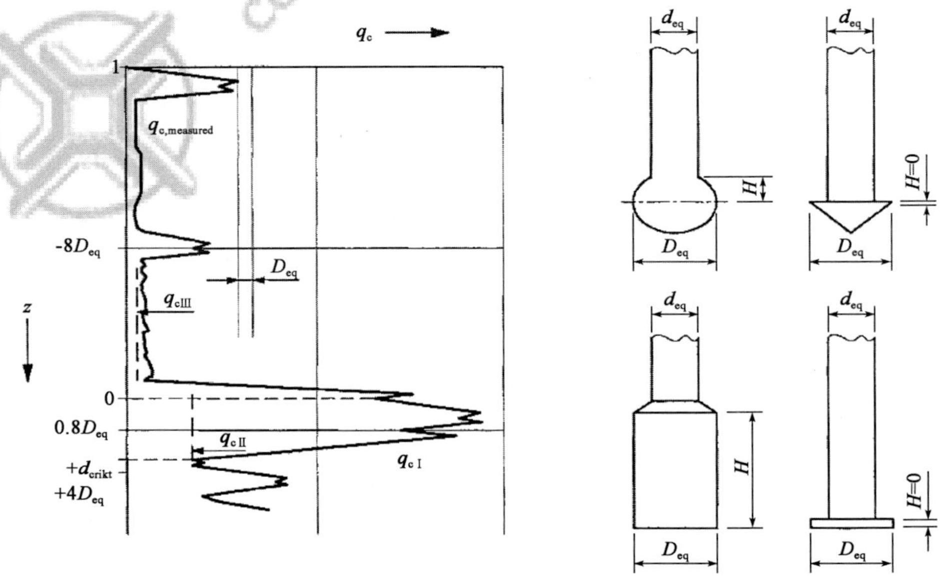

图 D.3 $q_{c;\mathrm{I}}$、$q_{c;\mathrm{II}}$ 和 $q_{c;\mathrm{III}}$ 的说明

附录 E 旁压试验(PMT)

E.1 计算扩展基础的承压强度的方法示例

以下给出了应用半经验法和梅纳旁压仪(MPM)试验结果计算扩展基础的承压强度的方法示例。

按下式计算承压强度:

$$\frac{R}{A'} = \sigma_{v0} + k(p_{LM} - p_0)$$

式中:R——基础对正常荷载的抗力;

A'——EN 1997-1 中确定的有效基底面积;

σ_{v0}——基底平面上的总(初始)竖向应力;

p_{LM}——扩展基础底部处梅纳极限压力的代表值;

p_0——等于$[K_0(\sigma_{v0} - u) + u]$,其中,$K_0$通常等于0.5,$\sigma_{v0}$为试验平面上的总(初始)竖向应力,$u$为试验平面上的孔隙压力;

k——表E.1中给出的承压强度系数。

用于推导扩展基础的承压强度系数 k 的相关性 表E.1

土 类 别	p_{LM}类别	p_{LM}(MPa)	k
黏土和粉土	A	<0.7	$0.8[1+0.25(0.6+0.4B/L)\times D_e/B]$
	B	1.2~2.0	$0.8[1+0.35(0.6+0.4B/L)\times D_e/B]$
	C	>2.5	$0.8[1+0.50(0.6+0.4B/L)\times D_e/B]$
砂和砾石	A	<0.5	$[1+0.35(0.6+0.4B/L)\times D_e/B]$
	B	1.0~2.0	$[1+0.50(0.6+0.4B/L)\times D_e/B]$
	C	>2.5	$[1+0.80(0.6+0.4B/L)\times D_e/B]$
白垩			$1.3[1+0.27(0.6+0.4B/L)\times D_e/B]$
泥灰岩和风化岩石			$[1+0.27(0.6+0.4B/L)\times D_e/B]$

注:B为基础宽度;L为基础长度;D_e为基础的等效深度。

E.2 计算扩展基础沉降的方法示例

以下给出了通过应用针对MPM试验的半经验法来计算扩展基础沉降(s)的方法示例。

$$s = (q - \sigma_{v0}) \times \left[\frac{2B_0}{9E_d} \times \left(\frac{\lambda_d}{B_0}\right)^{\alpha} + \frac{\alpha\lambda_c B}{9E_c}\right]$$

式中：B_0——基准宽度：0.6m；

B——基础宽度；

λ_d、λ_c——表 E.2 中给出的形状系数；

α——表 E.3 中给出的流变系数；

E_c——基础正下方 E_M 的加权值；

E_d——基础下方达到 $8 \times B$ 的所有地层中 E_M 的调和平均值；

σ_{v0}——基底平面上的总（初始）竖向应力；

q——基础上施加的设计法向压力。

扩展基础沉降的形状系数 λ_d、λ_c　　表 E.2

L/B	圆形	方形	2	3	5	20
λ_d	1	1.12	1.53	1.78	2.14	2.65
λ_c	1	1.1	1.2	1.3	1.4	1.5

用于推导扩展基础的系数 α 的相关性　　表 E.3

地面类型	描　述	E_M/P_{LM}	α
泥炭			1
黏土	超固结	>16	1
	正常固结	9~16	0.67
	重塑	7~9	0.5
粉土	超固结	>14	0.67
砂	正常固结	5~14	0.5
		>12	0.5
		5~12	0.33
砂和砾石		>10	0.33
		6~10	0.25
岩石	大面积断裂		0.33
	未改变		0.5
	风化		0.67

E.3　计算单桩抗压承载力的方法示例

以下给出应用下式从 MPM 试验中计算桩的极限抗压承载力 Q 的方法示例：

$$Q = A \times k \times (p_{LM} - p_0) + P\sum(q_{si} \times z_i)$$

式中：A——桩端面积，其等于闭口桩的实际面积和开口桩的部分桩端面积；

p_{LM}——根据任意下部弱层修正的桩端处极限压力的代表值；

p_0——等于$[K_0(\sigma_{v0}-u)+u]$，其中，K_0 通常等于 0.5，且 σ_{v0} 为试验平面上的总（初始）竖向应力，u 为试验平面上的孔隙压力；

k——表 E.4 中给出的抗压承载力系数；

P——桩的周长；

q_{si}——结合表 E.5 得出的土层 i（图 E.1）的单位桩侧阻力；

z_i——土层 i 的厚度。

轴向受荷桩抗压承载力系数 k 的值 表 E.4

土 类 别	p_{LM}类别	p_{LM}(MPa)	钻孔桩和部分挤土桩	挤 土 桩
黏土和粉土	A	<0.7	1.1	1.4
	B	1.2~2.0	1.2	1.5
	C	>2.5	1.3	1.6
砂和砾石	A	<0.5	1.0	4.2
	B	1.0~2.0	1.1	3.7
	C	>2.5	1.2	3.2
白垩	A	<0.7	1.1	1.6
	B	1.0~2.5	1.4	2.2
	C	>3.0	1.8	2.6
泥灰岩	A	1.5~4.0	1.8	2.6
	B	>4.5	1.8	2.6
风化岩石	A	2.5~4.0	a	a
	B	>4.5		

注：[a] 针对最接近的土类别来选择 k。

单位桩侧阻力设计曲线的选择 表 E.5

土类别		粉土和黏土			砂和砾石			白垩			泥灰岩		风化岩石
p_{LM}类别		A	B	C	A	B	C	A	B	C	A	B	
桩类型													
钻孔桩和沉箱	无支承	1	1/2	2/3	—		—	1	3	4/5	3	4/5	6
	水泥浆支承	1	1/2	1/2	1	1/2	2/3	1	3	4/5	3	4/5	6
	临时井壁	1	1/2	1/2	1	1/2	2/3	1	2	3/4	3	4	—
	永久井壁	1	1	1	1	1	2				2	3	—
手挖沉箱		1	2	3	—	—	—	1	2	3	4	5	6
打入桩	闭口钢管桩	1	2	2	2	2	3				3	4	4
	混凝土预制桩	1	2	2	3	3	3				3	4	4
	沉管灌注桩	1	2	2	2	2	3	1	2	3	3	4	—
	涂覆桩身（混凝土灌入钢桩[a]）	1	2	2	3	3	4				3	4	—
灌浆桩	低压	1	2	2	3	3	3	2	3	4	5	5	—
	高压	1	4	5	5	5	6	—	5	6	6	6	7

注：[a] 通过水泥（或灰浆）的同时泵送将带扩桩靴的预制钢管桩或工字钢桩打入环隙内。

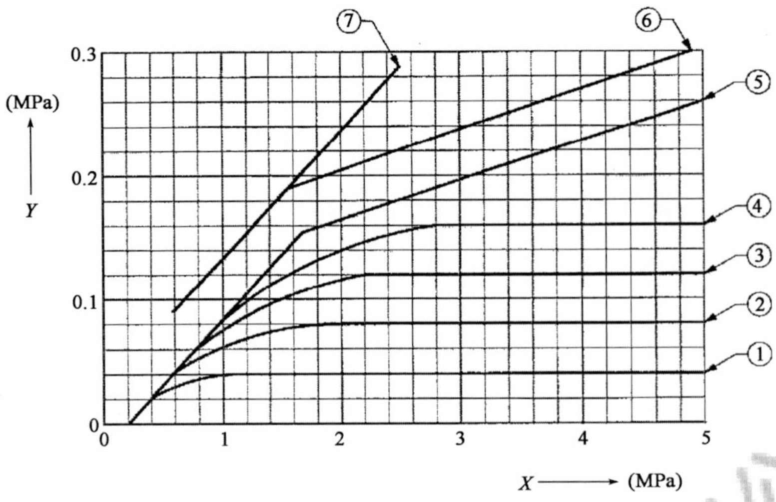

图 E.1 轴向受荷桩的单位桩侧阻力

X-极限压力(p_{LM});Y-单位桩侧阻力(q_{si});①~⑦-单位桩侧阻力的 1~7 条设计曲线

附录 F

标准贯入试验(SPT)

F.1 锤击数与相对密度之间的相关性示例

下文给出了锤击数与相对密度的相关性示例。

可通过下式表示给定砂层中锤击数(N_{60})、相对密度 $I_D=(e_{max}-e)/(e_{max}-e_{min})$ 和有效总(初始)应力 σ'_{v0}(kPa × 10^{-2})之间的关系：

$$\frac{N_{60}}{I_D^2}=a+b\sigma'_{v0}$$

对于 $0.35<I_D<0.85$ 且 $0.5<\sigma'_{v0}<2.5$(单位：kPa × 10^{-2})的情况，正常固结砂中的参数 a 和 b 近似恒定。

对于正常固结的天然砂沉积物，已经确定了表 F.1 中所列的相对锤击数 $(N_1)_{60}$ 和 I_D 之间的相关性。

相对锤击数 $(N_1)_{60}$ 和相对密度 I_D 之间的相关性 表 F.1

致密性	非常松散	松散	中等致密	致密	非常致密
$(N_1)_{60}$	0~3	3~8	8~25	25~42	42~58
I_D	0%~15%	15%~35%	35%~65%	65%~85%	85%~100%

若 $I_D>0.35$，则对应的 $(N_1)_{60}/I_D^2 \cong 60$。

对于细砂，应以 55:60 的比率折减 N 的值，而对于粗砂，应以 65:60 的比率增加 N 的值。

固结时间越长，砂对变形的抗力越大。这种“老化”效应反映在更多的锤击数中，且可能导致参数 a 增大。

表 F.2 中给出了正常固结细砂的典型结果。

正常固结细砂中的老化效应 表 F.2

细砂类型	固结时间(年)	$(N_1)_{60}/I_D^2$
室内试验	10^{-2}	35
新填土	10	40
天然沉积物	$>10^2$	55

超固结促使系数 b 以如下倍数增大：

$$\frac{1+2\times K_0}{1+2\times K_{0NC}}$$

式中：K_0、K_{0NC}——分别为超固结砂和正常固结砂的水平和竖向有效应力之间的现场应力比。

对于大部分硅砂，已经确定了上述所有相关性。将这些相关性应用于压碎性和压缩性更强的砂(如石灰质砂或者是含有较多细料的硅砂)中,可能会导致低估 I_D。

F.2 推导有效内摩擦角的示例

表 F.3 为一个示例,该例用于从相对密度(I_D)中推导出硅砂的有效内摩擦角(φ')。φ'的值也会受到颗粒棱角性和应力水平(表 F.3)的影响。

硅砂相对密度(I_D)与有效内摩擦角(φ',单位:°)之间的相关性 表 F.3

相对密度 I_D	细		中等		粗	
%	均匀	良好级配	均匀	良好级配	均匀	良好级配
40	34	36	36	38	38	41
60	36	38	38	41	41	43
80	39	41	41	43	43	44
100	42	43	43	44	44	46

F.3 计算扩展基础沉降的方法示例

(1)此处给出了一个直接经验法示例,该方法用于计算扩展基础的粒状土中的沉降。

(2)假定低于超固结压力的应力造成的沉降为正常固结砂相应沉降的 1/3。对于超固结砂,如果 $q'\geqslant\sigma_p'$,则可按下式计算宽度为 B(单位:m)的方形基础的瞬时沉降量 s_i(单位:mm):

$$s_i=\sigma_p'\times B^{0.7}\times\frac{I_{cc}}{3}+(q'-\sigma_p')\times B^{0.7}\times I_{cc}$$

式中:σ_p'——最大前期上覆压力(kPa);

q'——平均有效基础压力(kPa);

I_{cc}——等于 $a_f/B^{0.7}$;

a_f——地基压缩性(mm/kPa),等于 $\Delta s_i/\Delta q'$。

若 $q'\leqslant\sigma_p'$,则公式变为:

$$s_i=\sigma_p'\times B^{0.7}\times\frac{I_{cc}}{3}$$

并且,对于正常固结砂:

$$s_i=(q'-\sigma_p')\times B^{0.7}\times I_{cc}$$

(3)通过沉降记录的回归分析,按下式得出 I_{cc}的值:

$$I_{cc}=\frac{1.71}{\overline{N}^{1.4}}$$

式中:$\overline{N}$——影响深度内的平均标准贯入试验锤击数;

a_f 为地基压缩性,其标准误差从约 1.5(对于 $\overline{N}$ 大于 25)变化到 1.8(对于 $\overline{N}$ 约小于 10)。

(4)不应根据积土压力对此特殊经验法中的 N 值进行修正。未提及与 N 值对应的能量比(E_r)。假设测得的锤击数中已反映了水位的影响,但是,根据浸入水中的细砂或粉砂而进行的修正 $N'=15+0.5\times(N-15)$应适用于 $N>15$ 的情况。若包括了砾石或砂砾石,则应以一个约 1.25 的系数来增加标准贯入试验的锤击数。

(5)$\overline{N}$ 值为在影响深度($z_I=B^{0.75}$)上测得的 N 值的算术平均值,在影响深度范围内,如果 N 随着深度增大或恒定,则会发生 75% 的沉降。如果 N 随着深度连续减小,则影响深度取 $2B$ 或至软层底部(二者中的较小值)。

(6)应用地基长宽比(L/B)的修正系数 f_s:

$$f_s = \left(\frac{1.25 \times \frac{L}{B}}{\frac{L}{B} + 0.25} \right)^2$$

当 L/B 趋向于无穷大时，f_s的值趋向于1.56。对于 $D/B<3$ 的情况，无须使用深度（D）的修正系数。

砂和砾石中基础的沉降与时间有关。应将按下式计算的修正系数f_t应用在瞬时沉降中：

$$f_t = 1 + R_3 + R_t \lg t/3$$

式中：f_t——修正系数（对于时间 $t \geq 3$ 年）；

R_3——施工后头3年期间出现的沉降的时间相关系数；

R_t——3年后每一对数时间循环出现的沉降的时间相关系数。

对于静荷载，R_3 和 R_t 的保守值分别为0.3和0.2。因此，当 $t=30$ 年时，$f_t=1.5$。对于变动荷载（如高烟囱、桥梁、筒仓、涡轮等），R_3和 R_t的值分别为0.7和0.8，这样，当 $t=30$ 年时，$f_t=2.5$。

附录 G

动力触探试验(DP)

G.1 锤击数与相对密度之间的相关性示例

以下为针对不同的均匀系数值(C_u)(有效范围 $3 \leq N_{10} \leq 50$),从动力触探试验中得出的相对密度(I_D)示例:

地下水以上的不良级配砂($C_u \leq 3$):

$$I_D = 0.15 + 0.260 \lg N_{10L} \text{(DPL)}$$

$$I_D = 0.10 + 0.435 \lg N_{10H} \text{(DPH)}$$

地下水以上的不良级配砂($C_u \leq 3$):

$$I_D = 0.21 + 0.230 \lg N_{10L} \text{(DPL)}$$

$$I_D = 0.23 + 0.380 \lg N_{10H} \text{(DPH)}$$

地下水以上的良好级配砂-砾石($C_u \geq 6$):

$$I_D = -0.14 + 0.550 \lg N_{10H} \text{(DPH)}$$

G.2 有效内摩擦角和相对密度之间的相关性示例

此处给出了为进行粗粒土(表 G.1)的承载能力计算,而从相对密度(I_D)中推导出有效内摩擦角(φ')的示例。

随相对密度(I_D)和均匀系数(C_u)而变化的粗粒土的有效内摩擦角(φ')　　表 G.1

土壤类型	级配	I_D 的范围(%)		有效内摩擦角 φ'(°)
细粒砂、砂、砂-砾石	不良级配($C_u<6$)	15~35	(松散)	30
		35~65	(中等致密)	32.5
		>65	(致密)	35
砂、砂-砾石、砾石	良好级配($6 \leq C_u \leq 15$)	15~35	(松散)	30
		35~65	(中等致密)	34
		>65	(致密)	38

G.3 从动力触探试验结果导出与应力相关的侧向压缩模量的示例

(1)此处给出了推导与竖向应力相关的固结沉降模量(E_{oed})的示例,常建议将该模量用于计算扩展基础的沉降,定义如下:

$$E_{oed} = w_1 p_a \left(\frac{\sigma'_v + 0.5\Delta\sigma'_v}{p_a} \right)^{w_2}$$

式中：w_1——刚度系数；

w_2——刚度指数；对于均匀系数 $C_u \leqslant 3$ 的砂：$w_2 = 0.5$；对于低塑性（$I_P \leqslant 10$；$w_L \leqslant 35$）黏土：$w_2 = 0.6$；

σ'_v——土覆盖层引起的基底处或基底下方任意深度处的有效竖向应力；

$\Delta\sigma'_v$——基底处或基底下方任意深度处的结构造成的有效竖向应力；

p_a——大气压力；

I_P——塑性指数；

w_L——液限。

（2）根据土类的不同，可应用下式（举例来说）从动力触探试验结果中推导出刚度系数（w_1）的值：

地下水以上的不良级配砂（$C_u \leqslant 3$）：

$$w_1 = 214\lg N_{10L} + 71 \quad (\text{DPL；有效范围：}4 \leqslant N_{10L} \leqslant 50)$$

$$w_1 = 249\lg N_{10H} + 161 \quad (\text{DPH；有效范围：}3 \leqslant N_{10H} \leqslant 10)$$

干硬性至少为（$0.75 \leqslant I_c \leqslant 1.30$）且位于地下水上方的低塑性黏土（$I_c$为稠度指数）：

$$w_1 = 4N_{10L} + 30 \quad (\text{DPL；有效范围：}6 \leqslant N_{10L} \leqslant 19)$$

$$w_1 = 6N_{10H} + 50 \quad (\text{DPH；有效范围：}3 \leqslant N_{10H} \leqslant 13)$$

G.4 锥头贯入阻力与锤击数之间的相关性示例

此处示例为：从重型动力触探试验结果中估算砂和砂-砾石混合物中的锥头贯入阻力（q_c），以便从桩静载荷试验（图 G.1、4.3.4.2（1）P 和附录 D.6）确定的对应相关性中推导出桩的极限承载能力。

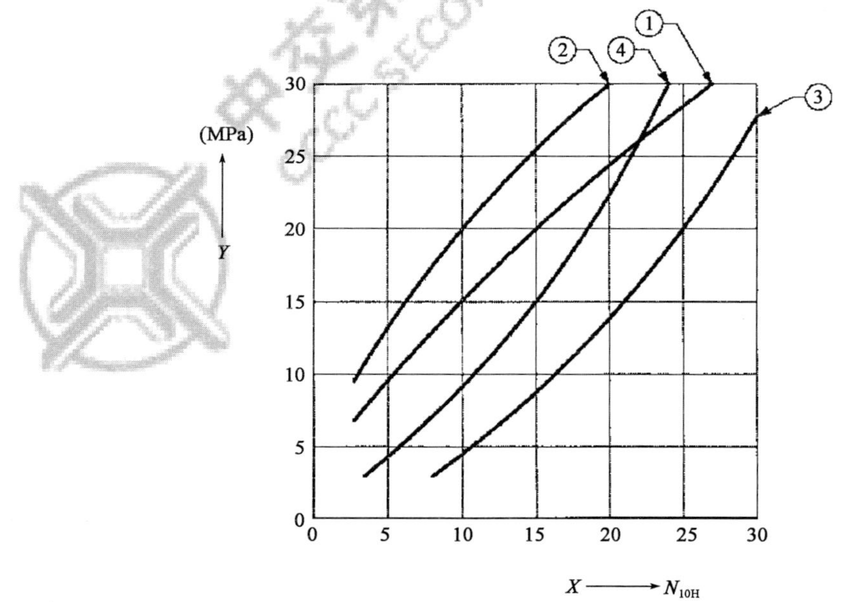

图 G.1 锤击数 N_{10H} 与锥头贯入阻力（q_c）之间的相关性示例（针对不良级配砂和良好级配砂-砾石）

X-锤击数；Y-锥头贯入阻力（q_c）；①-地下水上方的不良级配砂；②-地下水下方的不良级配砂；③-地下水上方的良好级配砂和砾石；④-地下水下方的良好级配砂和砾石

G.5 不同动力贯入仪的锤击数之间的相关性示例

此例给出了适用于地下水位以上不良级配砂（$C_u < 3$）的轻型动力触探试验的锤击数 N_{10L} 与重型动力触探试验的锤击数 N_{10H} 之间的相关性：

（1）输入：DPH 结果；

$N_{10L} = 3N_{10H}$；

有效范围：$3 \leqslant N_{10H} \leqslant 20$。

（2）输入：DPL 结果；

$N_{10H} = 0.34N_{10L}$；

有效范围：$3 \leqslant N_{10L} \leqslant 50$。

附录 H

重力探测试验(WST)

本附录给出了有效内摩擦角(φ')和排水弹性模量(E')的值的示例,这些值从基于瑞典经验的重力探测阻力中估算出。本例将每层中重力探测阻力的平均值与φ'和E'(表 H.1)的平均值联系起来。

天然沉积石英和长石砂的有效内摩擦角(φ')和排水弹性模量(E')的值　　表 H.1

相 对 密 度	重力探测阻力[a],半圈/0.2m	有效内摩擦角[b](φ')(°)	排水弹性模量[c](E')(MPa)
非常松散	0~10	29~32	<10
松散	10~30	32~35	10~20
中等致密	20~50	35~37	20~30
致密	40~90	37~40	30~60
非常致密	>80	40~42	60~90

注:[a]在确定相对密度之前,应将粉土的重力探测阻力除以系数 1.3。

[b]给定的值适用于砂。对于粉土,内摩擦角应折减 3°。对于砾石,宜增加 2°。

[c]E'接近于与应力及时间有关的正割模量。针对排水弹性模量给出的值对应于 10 年后的沉降。这些值是在假定竖向应力分布符合 2:1 的近似比例的情况下得出的。

此外,某些勘察显示,对于粉土,这些值会降低 50%,而对于砾质土,这些值增加 50%。对于超固结粗粒土,模量会极大地增加。地面压力大于承载能力极限状态下设计压力的 2/3 情况下计算沉降时,应将模量设定为本表中给出值的一半。

如果只能利用重力探测试验结果,则应选择表 H.1 中内摩擦角和弹性模量的每个区间中的下限值。

计算表 H.1 中应用的重力探测阻力图时,应不考虑石头或卵石(举例)造成的峰值。在砾石的重力探测试验中,这种峰值是比较常见的。

附录 I

现场十字板试验(FVT)

I.1 确定不排水抗剪强度修正系数方法示例

I.2 ~ I.5 中给出了为从现场十字板试验的测得值(c_{fv})中得出不排水抗剪强度(c_u),而确定现场十字板试验结果修正系数的方法的示例。这些修正系数主要基于对软黏土中路堤破坏和载荷试验进行的反分析。所有方法都得出了修正系数(μ)的值,其用在下式中,以评估不排水抗剪强度。

$$c_u = \mu c_{fv}$$

式中:c_{fv}——在现场十字板试验中测得的不排水抗剪强度;

μ——修正系数。

拟用程序应基于实际黏土的当地经验,同时应考虑排水抗剪强度可能会低于不排水抗剪强度。

I.2 基于阿太堡限度确定修正系数 μ 的示例

对于正常固结软黏土,修正系数(μ)与液限或塑性指数有关。图 I.1 中所示为样本修正曲线。

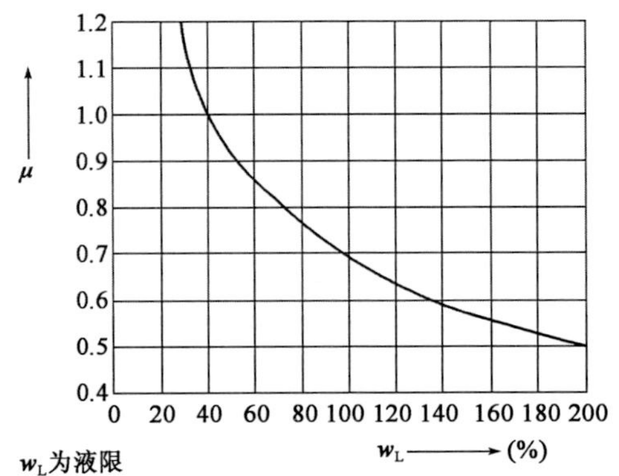

图 I.1 正常固结黏土中基于液限的 c_{fv} 的修正系数示例

若没有补充勘察提供证明资料,则不应使用大于 1.2 的修正系数。

对于裂隙黏土,有必要使用较低的修正系数 0.3,应利用现场十字板试验之外的方法(如平板载荷试验)得出不排水抗剪强度。

I.3 基于阿太堡限度和固结状态确定修正系数 μ 的示例

将这种修正与地面的塑性指数(I_P)和有效竖向应力(σ'_{v0})联系起来。图 I.2 中所示为样本曲线。

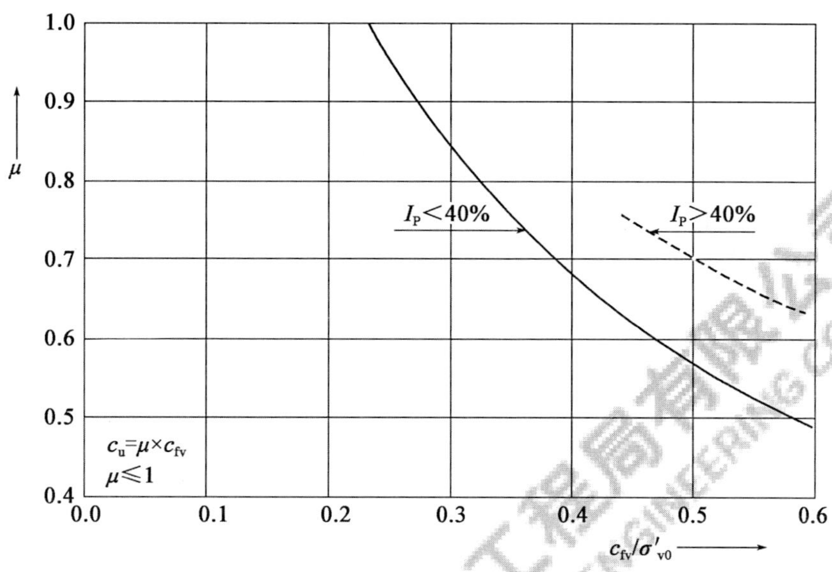

图 I.2 超固结黏土中基于塑性指数和有效竖向应力(σ'_{v0})的 c_{fv} 的修正系数示例

I.4 基于阿太堡限度和固结状态确定修正系数 μ 的示例

为了考虑超固结影响,已详细阐明了本方法。

首先,应用图 I.3 所示关系[现场十字板试验测得的抗剪强度(c_{fv})和有效应力(σ'_{v0})的比值与黏土的塑性指数(I_P)之间的关系],估计黏土是否处于超固结状态。如果相应的参数在“年轻”和“老化”曲线之间的范围内,则认为黏土处于正常固结(NC)状态,而属于“老化”曲线以上范围的黏土视为处于超固结(OC)状态。

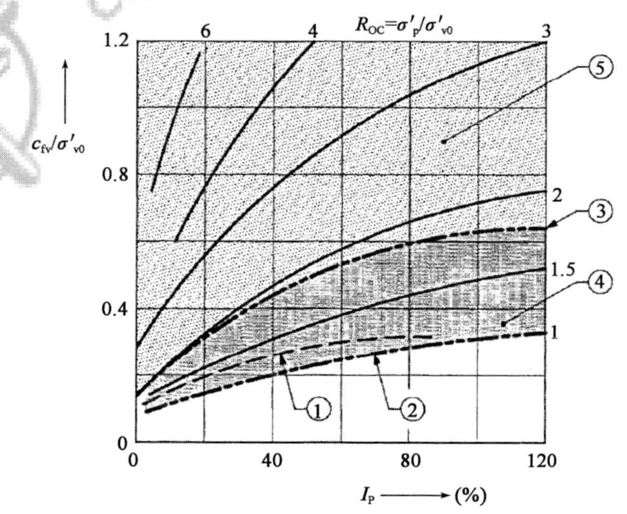

图 I.3 区分正常固结黏土和超固结黏土的图例

①-图 I.2 的曲线;②-年轻黏土的下限;③-年轻黏土的上限;老化黏土的下限;④-正常固结黏土(NC)的范围;⑤-超固结黏土(OC)的范围

按照图 I.4 中标为 NC 的曲线对正常固结土进行修正，而按照标为 OC 的曲线对超固结土进行修正。

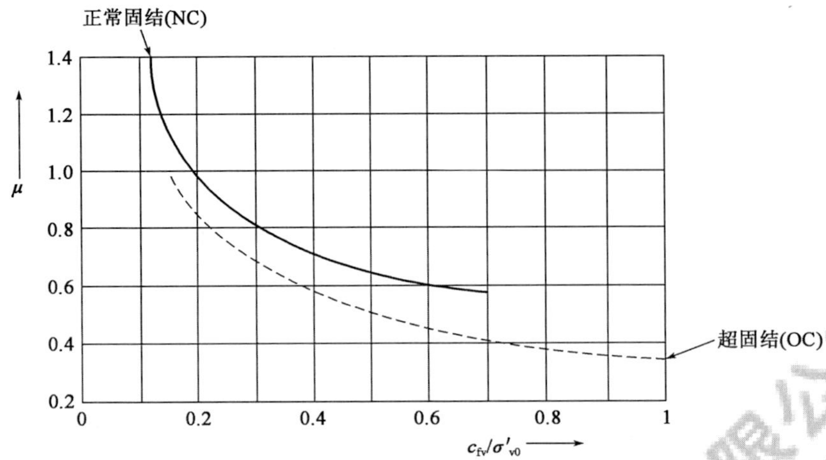

图 I.4 正常固结黏土和超固结黏土的修正系数

I.5 基于阿太堡限度和固结状态确定修正系数 μ 的示例

为了考虑超固结影响，也已对本方法进行了论述。

可将正常固结黏土和轻微超固结黏土的修正系数(μ)计算为

$$\mu = \left(\frac{0.43}{w_L}\right)^{0.45} \geqslant 0.5$$

式中：w_L——液限。

对于超固结比大于 1.3 的黏土，可适用如下修正系数(μ)：

$$\mu = \left(\frac{0.43}{w_L}\right)^{0.45} \times \left(\frac{R_{OC}}{1.3}\right)^{1.5}$$

式中：R_{OC}——超固结比。

如果还未确定超固结比，则可根据经验从关系式：$c_{fv} = 0.45 \times w_L \times \sigma'_p$中估算出超固结比。此时，修正系数($\mu$)计算为

$$\mu = \left(\frac{0.43}{w_L}\right) \times \left(\frac{c_{fv}}{0.585 w_L \times \sigma'_{v0}}\right)^{0.15}$$

附录 J

扁铲侧胀试验(DMT)

本附录给出了侧向压缩模量(E_{oed})和扁铲侧胀试验结果之间的相关性示例。通过下式,可将此相关性用于从扁铲侧胀试验结果中得出一维正切模量($E_{oed}=\mathrm{d}\sigma'/\mathrm{d}\varepsilon$)的值:

$$E_{oed}=R_M\times E_{DMT}$$

其中,或基于当地经验,或应用下述关系式估算 R_M:

若 $I_{DMT}\leqslant 0.6$,则 $R_M=0.14+2.36\lg K_{DMT}$;

若 $0.6<I_{DMT}<3.0$,则 $R_M=R_{M0}+(2.5-R_{M0})\lg K_{DMT}$,其中,

$$R_{M0}=0.14+0.15(I_{DMT}-0.6)$$

若 $3.0\geqslant I_{DMT}>10$,则 $R_M=0.5+2\lg K_{DMT}$;

若 $K_{DMT}>10$,则 $R_M=0.32+2.18\lg K_{DMT}$。

若从上述关系式中得出的 $R_M<0.85$,则取 $R_M=0.85$。

以上式中:I_{DMT}——从扁铲侧胀试验中得出的材料指数;

K_{DMT}——从扁铲侧胀试验中得出的水平应力指数。

附录 K

平板载荷试验(PLT)

K.1 推导不排水抗剪强度值的示例

此处给出了推导不排水抗剪强度(c_u)的示例,可使用下式计算 c_u:

$$c_u = \frac{p_u - (\gamma \times z)}{N_c}$$

式中:p_u——从平板载荷试验结果中得出的极限接触压力;

$\gamma \times z$——在直径小于 3 倍板直径或板宽的钻孔中进行试验时试验平面上的总应力(密度乘以深度);

N_c——承载能力系数;对于圆形板:

$N_c = 6$(主要针对在下层土表面上进行的平板载荷试验);

$N_c = 9$(主要针对在深度大于 4 倍板直径或板宽的钻孔中进行的平板载荷试验)。

K.2 推导板沉降模量值的示例

此处给出了推导板沉降模量 E_{PLT}(正割模量)的示例。

对于在地平面上或挖方(底宽/底部直径至少为板直径的 5 倍)中进行的加载试验,通常,可按下式计算板沉降模量(E_{PLT}):

$$E_{PLT} = \frac{\Delta p}{\Delta s} \times \frac{\pi b}{4}(1 - \nu^2)$$

式中:Δp——所考虑的外加接触压力的选定范围;

Δs——与外加接触压力 Δp 变化相对应的总沉降量(包括蠕变沉降);

b——板的直径;

ν——试验条件下的泊松比。

若未按照其他方式确定,ν 等于 0.5(对于细土中的不排水状况)或 0.3(对于粗粒土)。

若在钻孔底部处进行试验,则可按照下式计算 E_{PLT}:

$$E_{PLT} = \frac{\Delta p}{\Delta s} \times \frac{\pi b}{4}(1 - \nu^2) C_z$$

式中:C_z——深度修正系数;其定义为深度荷载与相应的表面荷载的沉降量之比;图 K.1 中给出了建议值示例。

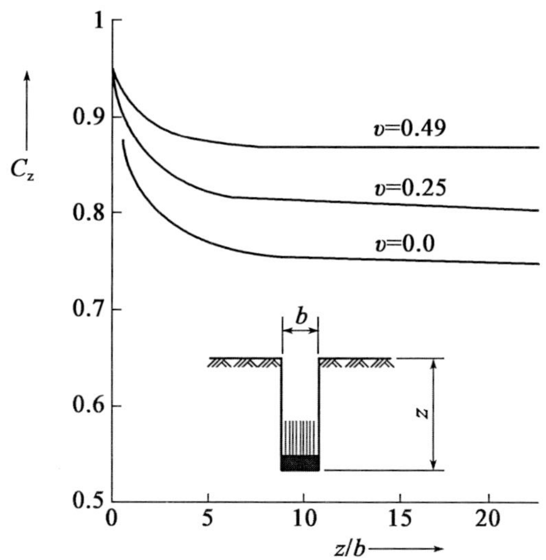

图 K.1 随板直径 b 和深度 z 变化的深度修正系数 C_z

注:适用于通过在无衬里轴底部处施加的环形均布载荷而得出的平板载荷试验结果。

K.3 推导地基反力系数值的示例

此处给出了推导地基反力系数(k_s)的示例,其可按下式计算:

$$k_s = \frac{\Delta p}{\Delta s}$$

式中:Δp——所考虑的外加接触压力的选定范围;

Δs——与外加接触压力 Δp 变化相对应的总沉降量(包括蠕变沉降)。

当计算 k_s 的值时,应说明加载板的尺寸。

K.4 计算砂层中扩展基础沉降的方法示例

此处给出了直接推导沉降的示例。如果距离基础的深度大于宽度的2倍,基础下方地面与板下方地面(图 K.2)相同,则可根据经验,通过图 K.3 中给出的关系推导出基础的沉降。

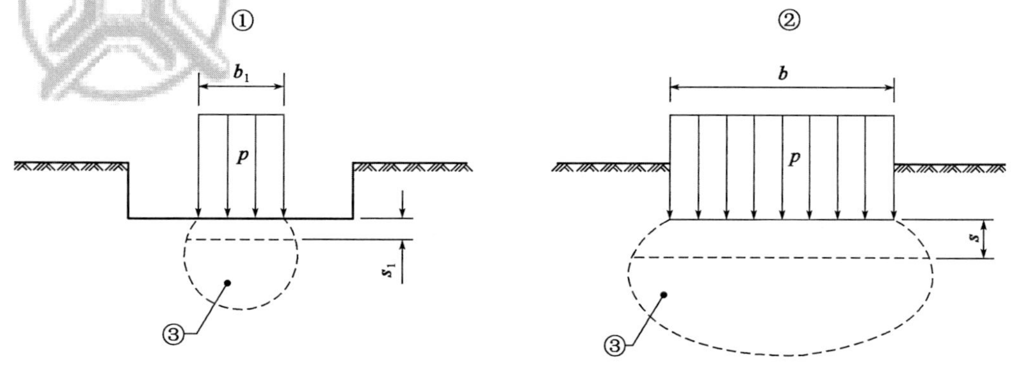

图 K.2 试验板和基础下方的受影响区域

b_1-试验板的宽度;p-荷载;s-预测的基础沉降;b-基础宽度;s_1-在平板载荷试验中测得的沉降;①-试验板;②-基础;③-受影响区域

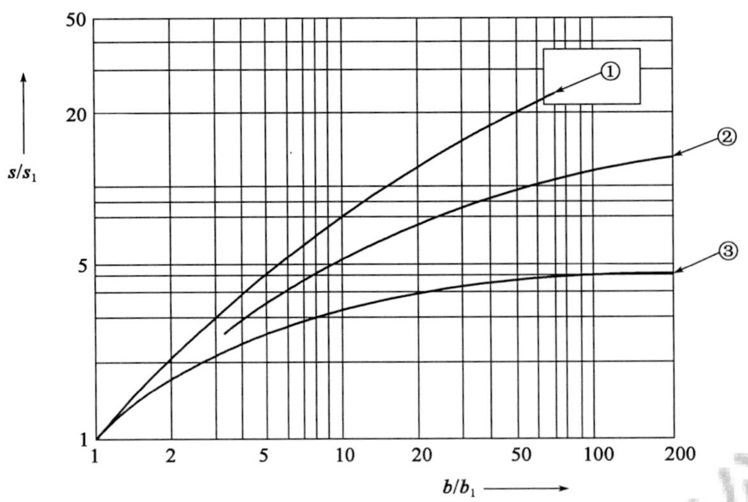

图 K.3　基于平板载荷试验计算沉降的曲线图

b/b_1-宽度比；s/s_1-沉降比；①-松散；②-中等致密；③-致密

附录 L

制备土样的详细信息

L.1 介绍

CEN/TC 341 中包括了基于试验程序的具体方法,这些试验程序是由国际土力学与岩土工程学会有关“室内试验”的欧洲标准化技术委员会 5(ETC5)推荐的。本附录中给出了主要要求。

L.2 试验用扰动土的制备

L.2.1 土的干燥

除非另有规定,否则,在试验前,通常不应对土进行干燥处理,而应使用自然状态的土壤。如果有必要干燥土,则应使用下述任一方法:

①在温度为(105 ±5)℃的通风式烘箱中烘干至恒定质量。

②在低于 100℃的规定温度下的通风式烘箱中烘干(即部分干燥,因为较低温度下不必完全烘干)。

③用或不用风扇,将土暴露在室温下的空气中风干(部分干燥)。

L.2.2 分解

拟进行的分解程度以及对所有残余的黏合材料进行的处理应与规定要求和条件相关联,并且应对其作出规定。尤其是,分解和处理应在天然含水率状况下的土上进行。

团聚颗粒的分解要确保避免单个颗粒压碎。施加的作用不应超过橡皮头槌施加的力。必须特别注意土粒易碎的情况。如果拟制备大量土,则应分批进行分解作业。

L.2.3 细分

在细分前,应对分解过的土进行充分混合。应反复进行细分作业,直至获取了用作试样的规定最小质量的代表性样本。

L.2.4 试验用扰动土的质量

表 L.1 中对试验所需扰动土的最小质量进行了汇总。如果最小质量取决于有效质量中最大颗粒的尺寸,则最小质量要与表 L.2 中给出的筛分所需的最小质量(以“MMS”表示)有关。

表 L.1 中列出的所需质量考虑到试样制备过程中需留出一定的损耗余量,但未考虑粗粒夹杂物。如果试验只要求土的细粒部分,则制备出的原始土样本应足够大,以提供规定的理想粒度部分的质量。

如果为了制备试样而有必要去除初始样本中的大颗粒物质,应记录去除的过粗粒料的粒度范围和干质量比。

在扰动样本上进行试验所需土的质量 表 L.1

试　验	所需的初始质量		制备试样的最小质量			
			黏土和粉土	砂	砾质土	
含水率	至少为试样质量的 2 倍		30g	100g	$D=2\sim10$mm MMS	$D>10$mm 0.3×MMS,Min500g
颗粒密度	100g		10(粒径<4mm)			
粒径						
粒径筛分	2×MMS		MMS			
沉积比重计	250g		50g		100g	
移液管	100g		12g		30g	
稠度极限	500g		300g(粒径<0.4mm)			
相对密度	8kg		a			
分散性	400g		a			
压实	S	NS	a			
“普罗克特”模具	25kg	10kg				
“加州承载比”模具	80kg	50kg				
CBR	6kg		a			
渗透性[b]直径			a			
100mm	4kg					
75mm	3kg					
80mm	500g					
38mm	250g					

注:D-有效比例(以干质量计,10%或10%以上)中的最大直径;MMS-拟用于筛分的最小质量(表 L.2);NS-不易压碎的土粒;S-压实过程中易于压碎的土粒;a-试样质量取决于试验过程中的土性能;b-高度等于直径 2 倍的渗透性试样。

筛分用最小质量 表 L.2

最大直径(D)(mm)	筛分用最小质量(MMS)(kg)
75	120
63	70
45	25
37.5	15
31.5	10
22.4	4
20	2
16	1.5
最大直径(D)(mm)	**筛分用最小质量(MMS)(g)**
11.2	600
10	500
8	400

续上表

最大直径(D)(mm)	筛分用最小质量(MMS)(g)
5.6	250
4	200
2.8	150
≤2	100

L.2.5　压实用土的制备

应不允许对拟用于压实相关试验的土进行干燥处理。如果有必要降低土的含水率,则应通过风干来达到此目的。

允许粒径的上限取决于拟用模具的尺寸。在制备试验用土之前,应去除大于下文所述粒径的颗粒(表 L.3)。

适用于压实试验的允许粒径　表 L.3

试 验 类 型	最 大 粒 径
压实在 1L 模具中	20mm
在加州承载比模具中	37.5mm
加州承载比测定	20mm

L.3　原状试样的制备

从原状土样中制备试样的方法取决于样本类型以及拟制备的试样类型。

表 L.4 中给出了典型室内试样所需土的近似质量。规定的质量足以制备出试样,且该试样适当考虑了修正引起的损耗。

在原状试样上进行试验所需土的质量　表 L.4

试 验 类 型	试 样 尺 寸		所需最小质量(g)
	直径(mm)	高度(mm)	
固结	50	20	90
	75	20	200
	100	20	350
压缩[b] • 无侧限 • 不固结-不排水 • 三轴压缩试验	35	70	150
	38	76	200
	50	100	450
	70	140	1200
	100	200	3500
	150	300	12000
剪切盒	平面尺寸		
	60×60	20	150
	100×100	20	450
	300×300	150	30000
密度、最大粒度[a]	最大粒径		
	D = 5.6mm		125
	D = 8mm		300
	D = 10mm		500
	D > 10mm		1.4(MMS)[c]

注:[a] D 为有效比例(以质量计,10% 或 10% 以上)中的最大粒径。

[b]试样尺寸和最小规定体积适用于所有三类试验。

[c]MMS 为拟用于表 L.2 中规定的筛分的最小质量。

L.4 再压实试样的制备

L.4.1 一般要求

(1)可按照下述任一标准对扰动土进行再压实,以形成试样:

①在规定含水率下使用规定的压实作用力进行压实。

②达到规定含水率时的规定干密度。

(2)应不允许对拟再压实形成试样的黏土进行干燥处理。如果有必要降低土的含水率,应通过风干达到此目的。如果为了增加含水率而必须添加水,应将水和土进行良好的混合,使用前,将土放置在密封容器内至少 24h。

(3)进行再压实前,土应分解。

(4)容许粒径的上限取决于拟形成的试样的尺寸。制备再压实用土前,应去除大于表 L.5 中给出的尺寸的颗粒。

(5)压实前后,应检查再压实试样的粒径分布。

随试样尺寸变化的允许粒度　　表 L.5

试 样 类 型	最 大 粒 度
固结仪固结	$H/5$[a]
直剪(剪切盒)	$H/10$
抗压强度(H/d 约为 2 的圆柱形试样)	$d/5$[b]
渗透	$d/12$

注:[a] H = 试样高度。

[b] d = 试样直径。

L.4.2 大于试样的再压实样本

制备固结仪固结试验、直接剪切或抗压强度试验用试样时,通常应以规定方式将土压进适当的模具中,模具的尺寸要比规定试样大。然后,应从模具中挤出压实样本,并应用针对原状试样所述的程序制备试样。

可直接将渗透试验用试样压入进行试验的模具或容器中。

对于使用规定作用力进行的压实,所施加的压实作用力通常应与规定的两类压实试验(参见第 5.10 节和附录 R)中的任一类使用的作用力相一致。应对土进行分层压实,并且在添加新层之前,应略微翻松每层的顶部。

为了获取规定的密度,要么通过动力压实土,要么施加静荷载压缩土。铺设每一土层后,应称取重量并测量体积,以确保达到规定密度。可先进行初步试验以确定适当的方法。

如果土中存在黏土,则应密封并存放压实样本,达到一个时长至少为 24h 的养护期,然后,挤出样本,形成试样。

L.4.3 试样的再压实

为了制备直剪试验、固结和抗压强度试验用小试样,应夯实、揉搓土或将其压进适当的模具、环圈或管道中。可使用合适的手夯锤、哈佛压实仪或施加揉搓作用。应注意避免试样内部形成空腔。应首先通过初步试验确定获取规定密度或压实作用力所需的确切程序。

应记录相关细节,以便能够重复执行此程序,从而制备出大量具有一致特性的试样。

可应用夯锤压实直径为 100mm 或 100mm 以上的圆柱形试样;应规定层数或每层的锤

击数。

如果土中存在黏土，则在使用前应密封并存放压实试样，达到一个时长至少为24h的养护期，以供过度孔隙水压力消散。

L.4.4 再饱和

起初，再压实试样须一直处于初试状态下的未饱和状态。试验前通常要求试样进行再饱和处理，应用抗剪强度或压缩试验程序中给出的任一公认的饱和方法来进行再饱和处理。若适用，应通过检查 B 值来确认试样是否完全饱和。

L.4.5 重塑试样

可将土密封在塑料袋内，用手指挤压、揉捏塑料袋几分钟，从而达到重塑效果。例如，使用捣棒，将土杵入适当的模具中从而形成重塑试样。应尽可能快地进行此操作，以避免含水率发生变化，并避免截留空气。然后，应挤出并修整试样。

L.5 重制试样的制备

L.5.1 泥浆的制备

应用水充分的混合土，从而形成含水率超过液限的均匀泥浆。应优先在天然含水率情况下(土不干燥)开始制备泥浆。干燥土或将其碾成粉末可能会改变土的特性。必要时，可通过应用合适的筛子的湿法筛分来去除较粗大的颗粒。拌和用水可以是蒸馏水，或去离子水，或者使其水具有适当的化学性质。泥浆的流动性应足够进行浇注作业；合格的含水率通常约为液限的2倍。

L.5.2 固结

固结样本所使用的格孔应足够大，以便能够制备出固结后具有规定尺寸的试样或修整用样本。应制定出有关样本排水的规定，不允许土粒漏出。

将泥浆浇注在模具中后，应只对顶板重量下方施加初始固结作用，直至试样末端足够硬，以防止进一步加载时出现材料损耗。为固结而施加的竖向应力应足够大，以使固结时能够对样本进行处理，并且应维持垂直应力足够长时间，确保充分固结。

L.5.3 试样制备

应从格孔中挤出固结后的样本，并将其修整成所需的试样。

如果要对重制土进行一维固结试验，则此类试验可在泥浆固结形成试样的格孔中进行。

附录 M 土的分类、鉴定和描述试验

M.1 分类试验核对表

拟受试试样数量取决于土的变化性以及在土上进行的相关试验的数量，并在一定程度上取决于相关岩土工程问题（对此方面的依赖程度低于其他土试验）。表 M.1 给出了有关分类试验数量的准则。

分类试验每一土层中建议的拟受试最少样本数量 表 M.1

分 类 试 验	类 似 经 验	
	否	是
粒径分布	4 ~ 6	2 ~ 4
含水率	所有 1 ~ 3 级质量等级的样本	
强度指标试验	所有 1 级质量等级的样本	
稠度极限（阿太堡限度）	3 ~ 5	1 ~ 3
烧失量（对于有机质土和黏土）	3 ~ 5	1 ~ 3
体积密度	每项成分试验	
相对密度	若合适	
颗粒密度	2	1
碳酸盐含量	若合适	
硫酸盐含量	若合适	
pH	若合适	
氯化物含量	若合适	
土的分散性	若合适	
霜冻敏感性	若合适	

表 M.2 所示为本标准中涵盖的各项土分类试验的核对表。

土分类试验核对表 表 M.2

分 类 试 验	核 对 表
含水率	• 检查样本的存放方法 • 协调试验方案和其他分类试验 • 不适用于石膏、有机质土的标准烘干方法；需要预防措施 • 报告是否存在石膏、有机质土 • 对于粗粒土，可能需要对测得的含水率进行修正 • 盐渍土所需进行的修正

续上表

分类试验	核对表
体积密度	• 需要的试验方法 • 检查所用的取样和处理方法 • 对于大型土方工程项目,可能需要调整方法,或使用野外方法 • 对于砂和砾石,可能需要对测得的密度进行修正
颗粒密度	• 样本制备(烘干-潮湿的样本)会影响结果 • 检查物质是否会含有闭孔;对于此类物质,采用特殊技术较为合适 • 报告物质是否有闭孔 • 如果结果超出典型值范围,应考虑进行附加测定;矿物和有机质含量会影响结果
粒径分析	• 根据粒径和级配来选择试验方法 • 碳酸盐和有机物影响试验结果;对于此类物质,若合适,应去除碳酸盐或有机物,或者调整试验方法
稠度极限(阿太堡限度)	• 选择液限试验方法;可使用几类方法,但建议优先使用落锥法 • 检查样本的存放方法 • 检查试样制备,尤其是试样的均质化和混合 • 检查是否进行了干燥处理 • 干燥处理会极大地影响试验结果,应避免烘炉干燥 • 应快速对氧化的土壤进行试验 • 对于触变土壤来说,结果不必具有可靠性
粒状土的相对密度	• 检查样本的存放方法 • 选择拟用试验类型 • 所用程序对结果的影响较大 • 制备的试样具有较高的不均匀度
土的分散性	• 需考虑规定不同的试样压实条件 • 避免在试验前干燥试样 • 需选择所用试验程序 • 需额外进行分类试验
霜冻敏感性	—

M.2　含水率测定

试验结果评估:

(1)如果土中的水含有盐分,干燥后,溶解盐类依然会存在于土中并可能导致得出不准确的含水率。测定液体含量,即每单位质量干土的液体(水和盐)质量的值,可能更为合适。

(2)对于粗粒土,由于样本的最大粒径受样本尺寸限制,在室内试验的样本上测得的含水率与现场含水率有所不同。在此情况下,应将测得的含水率修正为随着大于最大粒径的颗粒的百分比而变化。

M.3　体积密度测定

M.3.1　试验程序

线性测量方法只适合细粒土。对于粗粒土,通常,可从原位试验中得出较为准确的密度,而从冻结的“原状”样本的测量中可得出更为准确的密度。

表 M.3 给出了关于一层黏土或粉土规定需进行的最少试验次数的准则。在表 M.3 中,仅一次试验的说明表示了对现有知识进行的验证。

密度试验每一土层内拟受试土样的最少数量　　表 M.3

测定密度的变化性	可比经验		
	无	中等	广泛
测定密度的范围≥0.02Mg/m³	4	3	2
测定密度的范围≤0.02Mg/m³	3	2	1

M.3.2　试验结果评估

(1)应通过计算饱和度(应不超过100%)来核实试验结果。

(2)对于粗粒土,由于样本的最大粒径受样本尺寸限制,在室内样本上进行测量得出的干土的密度可能与现场干土密度有所不同。在此情况下,应将测得的干土密度修正为随着大于最大粒径的颗粒的百分比而变化。

M.4　颗粒密度测定

测定土颗粒密度所需的物质的体积非常小(最小质量10g,粒度小于4mm)。通常,从用于其他室内试验的试样中提取出本试验所用试样。

对于含有闭孔的多孔物质,颗粒物仅具有表观密度。如果在专门室内试验中应用含水饱和度或气压技术确定出开孔的体积,则可通过碾细试样并采用相关技术获取闭孔数量来得出固体物质的密度;然后,应在室内应用特殊技术测量固体颗粒的密度。

对于含有机质的土,应遵照特殊的步骤进行室内试验。另外,应慎重使用测量值。

可应用现代方法,如氦比重计法。应对照更常用的任一种方法(如X.4.1.4列出的文件中所述的方法)来对此方法进行校准。

M.5　粒径分析

(1)对于粗粒土(主要为砾石和/或砂),先清洗,然后筛分,确定出土的粒径分布,并且通常不必进行沉积处理。对于细粒土(主要为粉土和/或黏土),应采用沉积步骤,包括筛分任何砂砾大小的颗粒。对于混合土(包含所有颗粒尺寸范围),应同时使用筛分和沉积步骤。

(2)应特别注意对黏土和有机质土进行的试验。举例来说,黏土颗粒可能会具有黏结效应,此效应在105℃时的干燥过程中可能会变为不可逆转的现象,而有机质土会在105℃时的干燥期间部分氧化。

(3)也可利用结合检测系统的现代方法,如使用X射线、激光束、密度测量和颗粒计数器的方法。应对照(2)中建议的方法来对这些方法进行校准。

M.6　粒状土的相对密度试验

为了测定最大密度,每一土层中拟受试土样的建议最少数量为2;而为了测定最小密度,建议最少数量为3。

M.7 土分散性测定

M.7.1 概述

在缓慢的流水中,由于沿着裂缝或其他流槽的胶状腐蚀,某些天然黏质土会快速分散。此类土极易受到侵蚀和管道敷设的影响。土是否易于分散侵蚀取决于黏土的矿物和化学性质,以及土中孔隙水和侵蚀水中的溶解盐类。分散性黏土的钠含量通常较高。

M.7.2 所有试验的试验程序

分散性试验不适用于黏土含量低于10%且塑性指数低于或等于4%的土。

建议每一土层中测试的最少土样数量如下:针孔试验 -2,双比重计试验 -2,孔隙水中可溶解盐试验 -2,碎块试验 -3。试验数量规定应基于工程评定。

M.7.3 针孔试验

建议遵照 X.4.1.8 中列出的文献的规定,但以下除外:①应在含水率接近塑限的情况下,将试样压进小型哈佛模中;②整个试样高度(38 ±2)mm 上的土质应为5层;③应对每一土层施加恒定的压实作用力,施加时要确保最终得出的样本干密度等于室内标准压实试验中测得的最大干密度的95%。

显示的试验结果包括:①分类试验结果;②受试试样的密度;③所用的水头以及每一水头的测试时间;④穿过试样的流量;⑤试验结束时流动液体的浑浊度;⑥试验后的孔径和形状;⑦根据参考标准进行的土分类。

M.7.4 双比重计试验

显示的试验结果包括用或不用分散剂溶液和机械摇动/搅动而得出的粒径分布曲线,以及分散比例。

M.7.5 碎块试验

显示的试验结果应包括按照分散性或非分散性对土进行的分类,以及有关所用试剂的详细信息。

M.7.6 饱和提取液中的钠和可溶解盐

应报告得出的可交换钠的百分比。

M.8 霜冻敏感性测定

M.8.1 试验程序

可从软黏土和粉砂土中得出自然状态下的非冻土样本,或从黏土、粉土和砂(无砾石)中得出冻土样本。如果样本尺寸不适合直接试验,应重新塑造样本的形状,且重新塑造时要特别小心。

只要取样操作还未修改粒径分布,就可彻底重塑需要再压实的样本。

自然状态下试样的直径应至少为最大粒径的5倍,且不低于75mm。对于重制试样,应至少使用100mm的直径。

可在冻胀试验前,通过背压使天然试样和重制试样饱和。

若需要进行加州承载比试验,应对压实试样进行试验,压实试样具有的含水率应接近压实试验的压实曲线中确定的最佳含水率。

通常,对每件样本进行一次加州承载比试验。但是,为评估含水率变化和压实力(举例来说)的影响,应进行数次试验。

M.8.2 试验结果评估

(1)如果在进行室内冻胀试验时,土出现分离性冻胀现象,则认为该土为霜冻敏感性土壤。

(2)低渗透性黏质土中的冰冻作用程度受到冬季长短的影响,即所考虑现场的海拔高度和纬度。对于此类土,冬季越长,冰冻作用越严重。北方和高山地区的国家应考虑这一点。

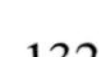

附录N

土化学试验的详细信息

N.1 概述

N.1.1 试验程序

上文提到的常规化学试验基于传统试验方法，这些方法在许多岩土工程室内试验中均能进行。通常，应在专门的化学试验室进行有关其他物质的化学试验。

100g干土足够用于进行大多数化学试验。通常，一开始要求更大的干土样本，但进行特定的试验要求非常小的干土样本。充分混合初始样本并对细分程序进行修正，这些都非常重要。

试验前的存放温度可能会影响有机物的生物降解性。在任何可能的时候，应将化学试验用样本材料保持在5～10℃的温度条件下。

大多数试验方法包括应用"盲"样和基准样本进行常规校准。电化学方法(如pH值法)涉及许多已知pH值溶液的明确校准方案。

某些特殊要求可能需要偏离标准程序，包括试样制备。应明确地报告任何程序偏差，包括产生偏差的原因。

N.1.2 试验数量

在规定试验数量时应考虑如下事实：有机质含量、碳酸盐含量、硫酸盐含量、pH值和氯化物含量会出现极大的变化，即使是在同一地质地层内。为了确定局部变异性，可能有必要对密集样本进行多次试验。

N.2 有机质含量测定

N.2.1 试验程序

通常，在粒径小于2mm的代表性土样确定试样的烧失量，并将烧失量确定为在规定温度下点燃制备试样而损失的质量。有机质含量的计算基于如下假设：通过点火完全烧掉了有机物质且质量损失仅因点燃有机物质引起。

烧失量通常与含有较少或不含黏土和碳酸盐的土的有机质含量有关。对于黏土和/或碳酸盐含量百分比较高的土，大部分烧失量源于有机质含量之外的因素。

为了避免干燥期间某些有机物氧化，有必要采用低于常规(105±5)℃的干燥温度。

X.4.2.2中列出的示例规定了(50±2.5)℃的干燥温度,此温度不可能会除去所有水分,可能有必要进行初步试验以确定合适的干燥温度。

上述示例规定的点火温度为(440±25)℃,但其他标准规定温度高达900℃。当规定点火温度时,应注意考虑下述内容:①在约550℃的温度条件下,某些黏土矿物质会开始分解;②化合水可能会在较低的试验温度下消失;例如,在某些黏土矿物质中,化合水会在200℃时开始消失,且石膏会在约65℃时分解;③温度在650~900℃范围内时,硫化物可能会氧化,而碳酸盐会分解。在大多数情况下,适合采用500℃或520℃的点火温度。

干燥和点火时长应足够确保达到平衡。如果点火时长低于3h,应在报告中记录是否通过反复称量确认了恒定质量。

N.2.2 试验结果评估

(1)如果根据其他排出成分来修正烧失量,则可将有机碳和有机物的数量与烧失量联系起来。

(2)可通过直接测量有机碳含量而确定有机质含量,这种做法可避免烧失量测定方法中出现错误。

N.3 碳酸盐含量测定

N.3.1 试验程序

X.4.2.3列出的文件中给出了有关测定碳酸盐含量的试验程序示例。在EN 1997-2中,优先采用快速滴定法。快速滴定法应给出有关土的足够准确的结果,但前提是,要注意确保完成溶解过程,并进行足够的重复试验。

X.4.2.3列出的文件中给出的其他示例通过采用气量计在控制温度和大气压下测量释放出的二氧化碳(CO_2),从而确定了碳酸盐含量。

N.3.2 试验结果评估

样本中的碳酸盐含量(以碳酸盐百分比表示)表示为CO_2的量。这种表示法在理论上是正确的,但不适用于实际设计。对于大多数土类,可能会以等效的碳酸钙$CaCO_3$,即碳酸盐成分的形式来给出试验结果。按照下式,从CO_2的量中得出等效$CaCO_3$的量:

$$CaCO_3 = 2.273CO_2$$

式中:$CaCO_3$——以干重百分比表示的$CaCO_3$含量;

CO_2——以干重百分比表示的CO_2含量。

N.4 硫酸盐含量测定

N.4.1 试验程序

除非可通过平行分析证明备选方法的准确度相同或更高,否则,建议优先采用此处提到的有关分析酸或水提取物或地下水的重量法。

应在50℃的条件下干透结晶形态的硫酸钙:石膏($CaSO_4 \cdot 2H_2O$)。当温度约高于65℃时,含石膏的样本开始损失结晶水,这会导致错误地测出高含水率。

通过等式 $SO_4^{2-}=1.2SO_3^{2-}$ 来表示 SO_3^{2-} 和 SO_4^{2-} 之间的关系,其中,SO_3^{2-} 和 SO_4^{2-} 含量以百分比表示。

N.4.2 试验结果评估

(1)判读试验结果时,应认为:硫酸钙的水溶性较低,但在地质年代,会出现大量的溶解现象,例如,在喀斯特地层中。当结果相对于分类类别出现余量时,需特别注意。

(2)其他特定物质(特别是硫化物和倍半氧化物)的存在会影响化学反应,进而影响试验结果。土中的硫化物会长期氧化生成额外的硫酸盐。

N.5 pH 值测定(酸性和碱性)

N.5.1 试验程序

可采用几种方法测定 pH 值。其中,电测法能够直接读出所制备的土悬液或地下水中的 pH 值,建议将此方法作为标准方法。

N.5.2 试验结果评估

产生错误试验结果的原因在于:

(1)每组试验前后忽略了校准 pH 计或 pH 计校准错误。

(2)在不使用仪器的时候未充分保护电极。

(3)获取 pH 值读数前,无法使 pH 计达到稳定状态。

(4)抽取地下水样时因未充分清洗容器而产生污染。

N.6 氯化物含量测定

N.6.1 试验程序

测定氯化物含量的方法包括:

(1)适用于水溶性氯化物的莫尔法。

(2)适用于酸溶性或水溶性氯化物的佛尔哈德法。

(3)电化学法。

前两种方法利用了氯化物和硝酸银之间的置换反应,但使用了不同的分析法。这两种方法均要求仔细观测和称量。第三种方法基于含水率已知的样本稀释物中的传导率测量。

可通过如下快速定性试验确认是否存在氯化物:用试管取约 5mL 的过滤地下水或 1:1 的土水提取物。如果具有较高的碱性(pH 为 12 ~ 14),加入几滴硝酸加以酸化。再加入几滴浓度为 1% 的硝酸银溶液。如果出现明显的浑浊度,则说明存在数量可测的氯化物,可采用任一种试验方法确定可测量。

BS 1377-3:1990 中 7.2(水溶性氯化物)和 7.3(酸溶性氯化物)中给出的试验以及 BS 812-118:1988 中给出的有关矿质集料的方法是以佛尔哈德法为基础的。原则上,向酸性氯化物溶液中加入过量的硝酸盐溶液,并用硫氰酸钾滴定无反应的部分溶液,用铁铝化合物作为指示剂。

在莫尔法中,分别用 0.02N 的硝酸盐溶液滴定试液和对比用溶液,用铬酸钾作为指示剂。测定地下水中的氯化物含量时,优先使用此方法。

N.6.2 试验结果评估

由于氯化物阴离子的流动性非常强,理论上,盐度(以氯化钠的含量表示)和氯化物含量之间不必具有相关性。

附录 O

土强度指标试验的详细信息

表 O.1 概括了 EN 1997-2 中所包含的土强度指标试验程序的核对表。

黏质土强度指标试验核对表

表 O.1

强度指标试验	核 对 表
所有强度指标试验	• 给出抗剪强度的近似指标 • 测量结果存在很大的不确定性 • 将试验结果慎重地用于非均质土和结合/摩擦面土 • 所有结果均受到了所用试验速率的影响 • 需检查试验可重复性
室内十字板剪切试验	• 此外,试验中还测量了灵敏度和重塑抗剪强度 • 检查转动方式(手动或机动) • 可在挤压样本上或取样管中进行试验
落锥试验	• 可在挤压样本上或取样管中对完整物质进行试验。可另外对重塑物质进行试验以确定灵敏度,即:完整和重塑物质强度数据之间的比值 • 此外还测量重塑试样的灵敏度 • 检查锥体顶端是否磨损 • 检查顶锥角

附录 P

土强度试验的详细信息

P.1 三轴压缩试验

P.1.1 试验次数

(1)表 P.1 给出了有关所需最少试验次数的准则，该试验次数随着土变化性以及现有土类可比较经验而变化。如果只要求进行一次试验，则试验旨在对现有资料进行验证。若新试验结果与现有资料不一致，则应进行更多的试验。

三轴压缩试验每一土层的建议最少试验次数　　表 P.1

确定有效内摩擦角的建议试验次数[a]			
强度包络线的变化性回归曲线的相关性系数 r	可比经验		
	无	中等	广泛
$r<0.95$	4	3	2
$0.95\leqslant r<0.98$	3	2	1
$r\geqslant 0.98$	2	1	1
确定不排水抗剪强度的建议试验次数[a]			
不排水抗剪强度的变化性(对于同一固结应力)	可比经验		
	无	中等	广泛
最大值与最小值之比 >2	6	4	3
1.25 < 最大值与最小值之比 ≤2	4	3	2
最大值与最小值之比 ≤1.25	3	2	1

注：[a] 一次建议试验表示在不同压力盒压力下对一组三个试样进行试验。

(2)如果可从其他试验方法，如现场试验中获取剪应力数据，则可减少试验次数。

P.1.2 试验结果评估

(1)除进行实际评估外，还应对照与土类、塑性指数等的相关性来检查不排水抗剪强度。不排水抗剪强度评估应与得出试验结果的试验类型有关。

(2)应对照与土类、塑性指数、相对密度等的相关性来检查内摩擦角。应仔细考虑室内和现场应力条件(如轴对称或平面应变条件)，并且在相关情况下，应调整内摩擦角。举例来说，也应考虑与静力触探试验结果的关系以及与内摩擦角的既有相关性。

P.2　固结直剪试验

P.2.1　试验程序

对于如下土和稳定性条件,应优先进行直接剪切(盒式或环状剪切)试验:预计会产生明显的破裂面或拟确定界面的强度特征时。

对比研究显示,直接(平移)剪切试验和环状剪切试验结果较吻合。在直剪试验中,试样制备更加容易。在环状剪切试验中,应力更加均匀,但应变不一致。相比直接剪切仪,环状剪切仪更容易产生较大的应变,因而更能确定土的残余强度。

应从地层中获取试验所需试样数量2倍的材料。

P.2.2　试验次数

表P.2给出了所需的建议最少试验次数的准则,该试验次数随着土变化性和现有土类可比较经验而变化。建议方案适用于单独进行直接剪切试验来确定土层的抗剪强度的情形。

直剪试验每一土层的建议最少试验次数　　表P.2

强度包络线的变化性回归曲线的相关性系数	可比经验		
	无	中等	广泛
相关性系数<0.95	4	3	2
0.95≤相关性系数<0.98	3	2	2
相关性系数≥0.98	2	2	1[a]

注:[a]一次建议试验是指在不同法向应力条件下对一组三个试样进行试验。

单个试验和分类试验旨在验证是否与可比较经验一致。如果试验结果与现有资料不一致,则应进行附加试验。

附录Q

土压缩试验的详细信息

Q.1 试验次数

对于对结构的沉降有着重大影响的土层,表Q.1给出了所需最少固结试验次数的准则,该试验次数随着土变化性和现有土类可比较经验而变化。

如果结构对沉降较敏感,则应增加受试试样的数量。在表Q.1中,仅一次试验的说明表示对现有资料的验证。如果新试验结果与现有资料不一致,则应进行附加试验。

分级加载固结试验中每一土层的建议最少试验次数 表Q.1

侧向压缩模量 E_{oed} 的变化性(在相关应力范围内)	可比经验		
	无	中等	广泛
E_{oed} 值的范围≥50%	4	3	2
20%≤E_{oed} 值的范围≤50%	3	2	2
E_{oed} 值的范围≤20%	2	2	1[a]

注:[a] 一次固结试验和分类试验旨在验证是否与可比较经验一致。

Q.2 压缩特征的评估

(1)广泛使用以下四种方法确定土的压缩性:

①对测得的沉降进行反演计算。

②根据经验评估间接现场调查,如测深。

③通过现场试验,如平板载荷试验和旁压试验进行测量。

④在室内对土样进行压缩性试验。

(2)从可比较应力条件下测得的沉降中进行反演计算是评估压缩特征(可能难以考虑分层地面、荷载重分配及时间效应)的一种可靠方法。对于砂和砾石上方的基础,通常应用测深之类的现场试验;这些试验通常基于可比较经验,根据经验判读试验结果。如果预计为砂土、粗粒土、粉土和黏土,则可结合应用原位试验和室内试验。如果相对来说较易获得1级质量的样本,则室内压缩性试验对于大多数细土和有机质土来说较为可靠。

附录 R

土压实试验的详细信息

R.1　适用于两种试验的试验程序

每一土层至少需对 3 件土样进行试验。应基于工程评定规定试验次数。

应选定拟进行的试验次数，选择时要考虑粒径分布的变化性、稠度极限以及拟压实的物质数量。对于堤坝、道路施工等，可在相关标准中找到拟进行的试验次数。

R.2　压实试验的具体要求

(1)最常用压实试验为标准压实试验和修正(普罗克特)压实试验。

(2)对于某些渗透性较强的土，如干净的砾石、级配均匀和粗糙干净的砂，不会得出明确的最大密度。因此，可能难以获得最佳含水率。

(3)对于坚硬的细土，建议将土弄碎，以便使其能够穿过 5mm 的试验筛，或者将土切成几块，使其穿过 20mm 的试验筛。

(4)对于需要碎成小块的坚硬细土，压实试验结果取决于最终的碎土块的尺寸。从试验中得出的密度不必与现场获取的密度直接相关。

(5)对于不易压碎的土，可能只需要对一件样本进行试验。在逐渐增加水量后，可重复几次使用样本。在报告中应提及偏离于常用程序的情况。

(6)对于含有易压碎颗粒的土，应制备含有不同含水率的不同批次土样。

R.3　加州承载比(CBR)试验的具体要求

(1)可能要进行原位试验，但必须进行室内试验。

(2)可能要在原状材料或再压实材料上进行试验。

(3)应选择土的含水率，以表示试验结果要求的设计条件。

(4)应对通过 20mm 试验筛的材料进行加州承载比试验。如果土中含有留在 20mm 试验筛上方的颗粒，则在制备试样前，应去除这些颗粒并称取其重量；如果以质量计，留在 20mm 试验筛上方的颗粒部分大于穿过 20mm 筛的颗粒部分的 25%，则不适于进行加州承载比试验。

(5)如果拟测定含水率范围，应在完成分解作用后增加或去除天然土中的水分。不允许对样本进行干燥处理。

附录 S 土渗透试验的详细信息

S.1 试验程序

应从地层中获取试验所需试样数量 2 倍的材料。

应选择拟受试的试样以表示相关土的特性，如成分、相对密度、孔隙比等的极限值。

出于指导起见，黏土和粉土中的水力坡度应低于 30，而砂中的水力坡度应低于 10。

根据土类和所需渗透系数的准确度，应考虑渗透试验中要求的饱和度。

S.2 试验次数

表 S.1 给出了所需最少试验次数的准则，该试验次数随着土变化性以及现有土类可比较经验而变化。

渗透试验中每一土层试验的最少试验次数　　表 S.1

测得的渗透性系数(k)的变化性	可比经验		
	无	中等	广泛
$k_{max}/k_{min}>100$	5	4	3
$10<k_{max}/k_{min}\leqslant 100$	5	3	2
$k_{max}/k_{min}\leqslant 10$	3	2	1[a]

注：[a] 单个试验和分类试验旨在验证是否与现有资料一致。

在表 S.1 中，仅一次试验的说明是对现有知识的验证。如果试验结果与现有资料不一致，应进行附加试验。

S.3 试验结果评估

(1)广泛使用以下四种方法确定渗透系数(水力传导率)：

①原位试验，如抽水试验和钻孔渗透性试验。

②与粒径分布经验的相关性。

③根据固结试验进行的评估。

④在室内对土样进行的渗透试验。

结合上述方法可优化渗透系数的评估。

(2)即使在均匀土层中，应力、孔隙比、结构、粒径和层理的较小变化也会引起渗透系数的较大变化。获取渗透系数值最可靠的方法是现场试验法。

(3)即使对于均匀土层,也应以上限值和下限值的形式说明土层的渗透系数。

(4)对于粉土和黏土,从增量固结试验结果中推导出的渗透系数只给出了近似估值。固定应变率固结试验提供了测量渗透性的更直接方法。

(5)对于均质砂,可以以相当准确的方式,通过与粒径分布的相关性来估计渗透性系数。

(6)对于可获取高质量原状样本的黏土、粉土和有机质土,室内试验得出的结果可能比较可靠,应仔细检查所试验的试样的代表性。

(7)对于某些类型的土,饱和度对渗透系数的影响可能会达到3个数量级。

(8)渗透部分的化学性质可能会影响渗透系数,影响程度达到几个数量级。

附录 T

岩石试样的制备

(1)ISRM 建议的有关描述岩石特征、岩石试验和岩石监测的方法未涵盖制备岩样的具体要求。但是,大多数试验方法中包括的样本制备部分都涵盖了对样本体积、样本质量、制备方法、规定尺寸的要求以及对尺寸和形状公差的检验。

(2)X.4.8 列出的文件中给出了有关制备岩芯试样和确定尺寸和形状公差的常规示例。以下内容中给出了这些文件的节选内容,并对这些文件进行了评论。

(3)并非总是能够获取或制备出符合 ISRM 建议方法中规定的理想标准的岩芯试样。例如,对于较弱、较多孔和胶结不良的岩类以及含有某些结构特征的岩类。

(4)对于确定端面的直线性、平直度和垂直度的所有仪器和装置,应进行控制并定期记录,使其容差应至少能满足规定岩石试验的要求。

(5)对于应用旋转钻孔技术,通过单层、双层或三层岩芯管获取的大多数未断裂岩芯,可在修整端承面后对其加以使用(重新获取岩芯或不重新获取岩芯)。如果将用于重新获取岩芯试样的样本上清晰地显示了岩块的取向,则也可使用直接从岩层中采收的岩块。

(6)所需样本体积取决于试验方案。在多数情况下,长度为 300~1000mm、直径大于 50mm 的样本应足够制备出分类、强度和变形试验所需的岩样。

(7)所需岩芯数量在很大程度上取决于石料的天然和诱导裂隙。岩芯的初始描述时应包括评估裂隙度和均质性。在选择试验用岩芯截面时,应利用上述描述。

(8)从无裂隙的岩芯区域中选择试样可能会使试样无法代表岩层特性。这一点应在报告中予以考虑。

(9)对于更软的岩石(沉积岩),样本处理对变形试验、强度试验和膨胀试验极为重要。从岩芯管中获取样本后,应立即在原地包好上述试验用岩样。即使是短时间暴露,也可能会改变岩石的含水率及固有特性。

附录 U

岩石的分类试验

U.1 概述

基于岩芯而对岩体进行的分类要求尽可能保证高的岩芯采取率，以确定不连续现象和可能存在的空腔。由于大部分岩石质量指标都与在岩芯中发现的裂隙有关，在钻孔过程中，应将对岩芯的扰动降低至最低程度。

大多数分类系统都与岩芯和旋转钻孔取出的样本（直径至少为 50mm）有关。对于大部分试验，长 50 ~ 200mm 的无裂隙岩芯足够进行成分试验。

U.2 岩石鉴定和描述

EN ISO 14689-1 适用于从土木工程岩土技术方面来描述岩石；描述应针对岩芯和其他天然岩石样本以及岩体。

如果报告中给出了可溯性参考，则可使用所有经过公布和地方认可的分类系统。

U.3 含水率

U.3.1 试验程序

如有规定，应通过对比在同一岩层范围内获取的平行试样的结果来验证试验结果的准确性。

U.3.2 试验次数

通常，应从每米岩芯中至少获取一次含水率试验结果。

U.4 密度和孔隙率

U.4.1 试验程序

测定孔隙率（或孔隙比）要求确定固体颗粒的密度（或基于相似岩石的当地经验来评估密度）。

闭孔的存在可能会影响孔隙率。可基于粉末状样本的固体密度来测定总孔隙体积,但是,测定开孔和闭孔的数量需要进行专门的分析。

应避免使用汞置换式方法。

U.4.2 试验次数

不管岩石均质性如何,应至少每隔 2m 测定一次密度和孔隙率,并至少针对每种不同的岩石类型单元测定一次密度和孔隙率。密度和孔隙率参数代表着大多数岩石强度和变形特性评估的部分框架。

附录 V
岩石的膨胀试验

V.1 概述

由于岩石组构对膨胀特性有着重要影响,应尽可能优先对原状岩样进行试验。如果样本过于软弱或破碎严重而无法制备(如填缝物质),则可对重塑试样或再压实试样进行膨胀指数试验。应在报告中描述所用方法。

表 V.1 给出了针对不同试样尺寸要求进行的膨胀试验的最少试验次数准则。此建议适用于出现膨胀性岩石可能性较小的场地。对于岩石膨胀可能性较大的场地,应至少将试验次数增至表中给出次数的 2 倍。其他先进试验可能更适合于测定现场膨胀性能。

岩石膨胀试验中每一岩层拟进行试验的建议最少岩样数量　　表 V.1

试验类型	最小厚度	最小直径	最少试样数量	备注
零体积变化情况下的膨胀压力指数	15mm 和/或最大粒径的 10 倍	厚度的 2.5 倍	3	试样应与环圈密合
轴向过载情况下径向受限试样的膨胀应变指数	15mm 和/或最大粒径的 10 倍	厚度的 4 倍	3 + 测定含水率用试样的复制品	试样应与环圈密合
无侧限岩样中出现的膨胀应变	15mm 和/或最大粒径的 10 倍	15mm 和/或最大粒径的 10 倍	3 + 测定含水率用试样的复制品	—

V.2 零体积变化情况下的膨胀压力指数

试验仪器通常可能是用于确定土固结性的普通固结仪。但是,试验仪器应非常坚硬,以避免固结仪本身变形的影响。

V.3 轴向过载情况下径向受限试样的膨胀应变指数

本示例规定了一种加载装置,此装置能够在注水的情况下,向试样施加 5kPa 的持续压力。但是,可规定出更适合代表现场情况的装置。应在报告和任何评估中描述所有此类程序偏差。

V.4 无侧限岩样中的膨胀应变

X.4.10.3 列出的文件中给出了有关无侧限岩样中出现的膨胀应变的试验示例。

附录 W

岩石的强度试验

W.1 单轴抗压强度和变形能力

W.1.1 试验程序

(1)对于单轴抗压强度试验和变形试验,建议遵照示例的 ISRM 或 ASTM 方法。此外,可应用 W.1 中规定的修改方案。

(2)ISRM 中所述的试验程序包括两个层次的试验:①第 1 部分:用于确定石料单轴抗压强度的方法;②第 2 部分:用于确定受压岩石变形能力的方法。

(3)第一种方法得出了抗压强度,第二种方法得出了轴向变形模量(弹性模量)和泊松比。优先使用第二种方法。

(4)遵守 ISRM 建议的程序极为困难,尤其是在样本制备和几何公差方面。本提示性附录中建议的操作规程并不严格。尽管 ISRM 建议的程序是较为理想的程序,但此处也给出了一套最低限度的要求。一般认为,进行多次试验要比对较高质量的试样进行较少试验更为重要。

(5)应对 ISRM 程序作出如下修正:

①压板直径应在 D 和($D+10$)mm 之间,其中,D 为样本的直径。如果可确保板的刚度足够大,则压板直径可大于($D+10$)mm。要求制定特殊规定适当标定试样的中心。

②两端部压板中至少有一块压板应与球形座结合。

③试样应为直圆柱体,其高度与直径的比值在 2~3 之间,且直径不小于 50mm。试样的直径与岩石中的最大颗粒相关,对于软岩,其比值可低至 6:1。但是,优先选用 10:1 的比值。

④试样端部应平坦,在试样直径的 0.02% 范围内,且与试样垂直轴的偏差不超过 0.1°。

⑤除非在对软岩进行试验的情况下,覆盖材料的力学特征优于拟受试的岩石,否则,不允许使用覆盖材料或进行机械加工之外的端面处理。

⑥应将试样的直径和高度确定为近似 0.1mm 或 0.2%,取两者中的较大值。

⑦对于用应变仪测量径向和轴向应变的情况,应变仪的长度应至少为粒径的 10 倍。应在试样中间三分之一部分处进行测量,以避免受到端部处摩擦和应力非均质性的影响。如果可证明,在试样中间三分之一高度处测得的应变实际上等于整个高度上测得的应变,则允许在整个试样高度上测量垂直应变。

⑧应以恒定应力率或应变率对试样施加荷载,从而确保在 5~15min 范围内出现破坏。

⑨如果进行加载和卸载循环以确定更佳的变形参数,则应在上文提到的周期中除去荷载循环时间。

⑩拟用于对试样施加轴向荷载并测量轴向荷载的机械装置应具有相应的性能,能够以恒速施加荷载;应检查装置压板的平行度。

(6)初始变形可能包括压缩机导致试样端部产生的层理和/或试样中的裂缝闭合或微裂缝。仅应用机器两钢板之间的距离来测量总垂直变形可能会得出错误的变形能力。

W.1.2 试验次数

由于岩性、成岩作用或硬化作用、应力史、风化作用和其他自然过程,即使在同一地质层内,岩石的特征也可能会千变万化。表 W.1 列出了单轴压缩试验最少试验次数的准则,该试验次数随着岩石变化性和现有可比较经验而变化。

单轴压缩试验中每一岩层巴西试验和三轴试验所需试验的最小试验次数　　表 W.1

测得的强度(s)的标准偏差(平均比率,%)	可比经验		
	无	中等	广泛
$s>50$	6	4	2
$20<s<50$	3	2	1
$s<20$	2	1	0[a]

注:[a] 仅适用于邻近场地具有广泛经验的均质岩类。

W.2 点荷载试验

W.2.1 试验程序

对于点荷载试验程序,建议遵照示例的 ISRM 方法。

可运用便携式设备或室内试验设备进行试验,并且可在现场或室内进行试验。

如果符合有关形状和尺寸的参考(如 ISRM)规范,则可将岩芯、切块(块状试验)或不规则团块(不规则块状试验)状岩样用于试验。

W.2.2 试验次数

点荷载强度指标的平均值用于对样本或地层进行分类。为了获取代表性的平均值,应至少进行 5 次单个试验。

为了描述岩石的特征并预测其他强度参数,有必要进行比 W.1.2 中规定的试验次数更多的试验。通常,每一地层应至少进行 10 次单独试验。

W.3 直剪试验

W.3.1 试验程序

(1)对于直剪试验,建议遵照示例的 ISRM 方法。

(2)可对 ISRM 程序作出如下修正:

①试验机应具有大于预计膨胀量或固结量的行程,且应能够在整个试验过程中将正常荷载维持在偏离选定值 2% 的范围内。应测量试验期间量的膨胀度,测量精度要与剪切位移一致。

②在读取一组读数前的 10min 内,剪切位移速率应低于 0.1mm/min。如果应用了数据自动

记录仪,可能不必将剪切位移速率折减至0.1mm/min。

③在每次出现新的法向应力时,应重新固结试样,并应按照ISRM中的标准继续剪切。如果在开始新的试验阶段前清洗了样本表面,或在重新定位前卸除了样本上的荷载,则应在试验报告中加以说明。应描述清洁后去除的物质的外观。

(3)也可通过现场试验确定直剪强度。这要求详细评估现场的不连续性特征。

(4)举例来说,试验结果用于对边坡稳定性进行平衡分析,或用于对坝基、隧道和地下孔洞进行稳定性分析。

(5)可使用岩芯或切块状的岩样。试验平面的面积应至少为2500mm²。如果为未填充裂缝,则试样的直径或边缘(对于方形横截面)应与岩石中最大颗粒的尺寸相关,二者比值至少为10:1。建议裂缝长度和剪切盒尺寸之比不低于0.5,以避免剪力仪出现不稳定性问题。

(6)应使用切割试样用设备,例如,大直径岩芯钻或切石锯。不得使用冲击钻机、锤子和凿子,因为样本须尽可能处于未扰动状态。

(7)通常要选定试样放置在试验机中的方向,确保剪切面与岩石中的软弱面重合,例如,裂缝、层理、片理或劈理平面,或者土与岩石或混凝土和岩石之间的界面。

W.3.2 试验次数

为了测出抗剪强度,应至少在相同试验层位上或相同裂缝处进行5次试验。其中,以适用应力范围不同但恒定的法向应力对每件试样进行试验。

W.4 巴西试验

W.4.1 试验程序

对于巴西试验,建议遵照示例的ISRM方法。

试样应切割成直径(D)不低于岩芯尺寸($D\approx54$mm)、厚度近似等于试样半径的样本。圆柱形表面应不存在明显的工具痕。穿过试样厚度的任何瑕疵应不超过0.025mm。端面平直度公差应在0.25mm范围内,平行度公差应在0.25°范围内。

对于页岩和其他各向异性岩石,建议以平行于层理和垂直于层理的方向切割试样。对于按照平行于层理的方向切割的试样,也应规定荷载方向。

W.4.2 试验次数

表W.1给出了巴西试验的最少试验次数的准则,该试验次数随着岩石变化性和现有可比较经验而变化。为了描述岩石的特征并预测其他强度参数,有必要进行更多的试验。

W.5 三轴压缩试验

W.5.1 试验程序

对于三轴压缩试验,建议遵照示例的ISRM方法。

试样应切割成直径(D)不低于岩芯尺寸($D\approx54$mm)、高度等于第5.4节所述直径的2~3倍的样本,试样规格要与X.4.8中的要求一致。

W.5.2 试验次数

表 W.1 给出了三轴压缩试验的最少试验次数的准则,该试验次数随着岩石变化性和现有可比较经验而变化。为了描述岩石的特征并预测其他强度参数,有必要进行更多的试验。

附录 X

参考资料

X.1 缩写和符号

本附录所用符号如下：
ASTM 美国材料与试验协会
BS 英国标准
DGF 丹麦岩土工程协会
DIN 德国工业标准
ETC 国际土力学与岩土工程学会的欧洲技术委员会
ISRM 国际岩石力学协会
ISSMGE 国际土力学与岩土工程学会。NEN 荷兰标准
NF 法国标准，SN 瑞士标准，SS 瑞典标准

X.2 土和岩石取样以及地下水观测的相关文献

BS 5930:1999, Code of practice for site investigations

DIN 4021:1990, Ground exploration by excavation, boring and sampling

Hvorslev, M. J.

Subsurface exploration and sampling of soils for civil engineering purposes. US Army Engineer Waterways Experiment Station, Vicksburg, Miss, USA, 1949

NF XP, P 94-202: 1995, Sols: *Reconnaissance et essais. Prélèvement des sols et des roches. Méthodologie et procédures*

Svensson, C.

Analysis and use of groundwater level observations.

Gothenburg: Diss. Chalmers University of Technology. Dept. Geology. Publ. A 49, 1984, (In Swedish with abstract and summary in English)

X.3 现场试验

X.3.1 静力触探试验

Bergdahl, U., Ottosson, E., Malmborg, B. S.

Plattgrundläggning (Spread foundations) (in Swedish) Stockholm: AB Svensk Byggtjänst, 1993
282 pages
Biedermann, B.
Comparative investigations with sounding methods in
silt. Forschungsberichte aus Bodenmechanik und Grundbau Nr. 9 (In
German). Aachen: Technische Hochschule, 1984
DIN 1054:2003
Baugrun dSicherheitsnachweise im Erd- und Grundbau.
(Subsoil-verification of the safety of earthworks and foundation) (in German)
DIN 4094-1:2002
Baugrund-Felduntersuchungen̄ Teil 1: Drucksondierungen
(Subsoil-Field investigations-Part 1: Cone penetration tests) (in German).
Lunne, T., Robertson, P. K., Powell, J. J. M.
Cone penetration testing in geotechnical practice.
Originally London: Blackie Academic & Professional, then New York: Spon Press and E&F Spon, 1997
312 pages
Melzer, K. J., Bergdahl U. Geotechnical field investigations.
Geotechnical Engineering Handbook, *Volume* 1: *Fundamentals.*
Berlin: Ernst & Sohn, 2002
pp 51-117
NEN 6743-1:2006
Geotechniek-Berekeningsmethode voor funderingen op palen. Drukpalen.
(Geotechnics-Calculation method for bearing capacity of pile foundations. Compression piles)
Schmertmann, J. H.
Static cone to compute settlement over sand
Jnl Soil Mech. Fdns Div., *ASCE*, 96, *SM*3, *May*, 1970
pp 1011-1043
Schmertmann, J. H., Hartman J. P., Brown, P. R.
Improved strain influence factor diagrams
Jnl Geotech. Enging Div., *ASCE*, 104, *GT*8, *Proc. Paper* 7302, *August*, 1978
pp 1131-1135
Sanglerat, G.
The penetrometer and soil exploration
Amsterdam: Elsevier Publishing Company, 1972
464 pages
Stenzel, G., Melzer, K. J.
Soil investigations by penetration testing according to DIN 4094. (In German)
Tiefbau 20, S., 1978
pp 155-160, 240-244.

注2:附录X.3包含直接用于设计的推导值建立与试验值应用相关性的例子。The lists are divided by test type

X.3.2 旁压试验

EN ISO 22476-7 Geotechnical investigation and testing-Field testing-Part 7:*Borehole jack test*
Clarke B. G, Gambin M. P.
Pressuremeter testing in onshore ground investigations.
A report by ISSMGE Committee TC 16.
Atlanta:Proc. 1st Int. Conf. on Site Characterization, 1998
Vol. 2, 1429-1468
Clarke, B. G.
Pressuremeters in Geotechnical design.
Glasgow:Blackie Academic and Professional, 1995
364 pages
Ministère de l'Equipement du Logement et des Transports (1993)
Règles techniques de conception et de calcul des fountdations des ouvrages de Génie civil, CCTG, Fascicule no. 62, Titre V.

X.3.3 标准贯入试验

Burland, J. B. and Burbridge, M. C.
Settlements of foundations on sand and gravel
UK:Proceedings Inst. Civil Engineers, Part 1, 78, Dec., 1985
pp 1325-1381.
Canadian Foundation Engineering Manual
Third Edition, Canadian Geotechnical Society, 1992
Technical Committee on Foundations,
BiTech Publishers Ltd, 1995.
Clayton C. R. I.
The Standard Penetration Test (SPT):methods and use.
London:Construction Industry Research Information Association (CIRIA), Report 143
143 pages
Skempton, A. W.
Standard penetration test procedures and the effects in sands of overburden pressure relative density, particle size, ageing and over-consolidation
Geotechnique 36, No. 3, 1986;
pp 425-447.
US Army Corps of Engineers
ASCE, Technical Engineering and design guides as adapted from the US Army Corps of Engineers, No. 7:
Bearing capacity of soils (1993), ASCE Press.

X.3.4 重型圆锥动力触探试验(DPH)

Bergdahl, U., Ottosson, E., Malmborg, B. S.
Plattgrundläggning (Spread foundations) (in Swedish)
Stockholm:AB Svensk Byggtjänst, 1993

282 pages
Biedermann, B.
Comparative investigations with sounding methods in silt
Forschungsberichte aus Bodenmechanik und Grundbau Nr. 9 (*In German*)
Aachen:Technische Hochschule, 1984
Butcher, A. P. McElmeel, K., Powell, J. J. M.
Dynamic probing and its use in clay soils.
Proc Int Conf on Advances in Site Investigation Practice.
London:Inst, Civil Engineers, 1995
pp 383-395.
DIN 4094-1:2002
Baugrund-Felduntersuchungen-Teil 3:*Rammsondierungen*
(Subsoil-Field investigation-Part 3: Dynamic probing) (in German).
DIN V 1054-100:1996
Baugrun-Sicherheitsnachweise im Erd- und Grundbau, *Teil* 100:
Berechnung nach dem Konzept mit Teilsicherheitsbeiwerten
(Soil verification of the safety of earthworks and foundation, Part 100:
Analysis in accordance with the partial safety factor concept) (in German).
Recommendations of the Committee for Waterfront Structures, *Harbours and Waterways* (*EAU* 1996).
Berlin:W. Ernst & Sohn, 2000
599 pages.
Melzer K. J., Bergdahl, U. (2002)
Geotechnical field investigations.
Geotechnical Engineering Handbook, *Volume* 1:*Fundamentals.*
Berlin:Ernst & Sohn, 2002
pages 51-117.
Stenzel, G., Melzer, K. J..
Soil investigations by penetration testing according to DIN 4094. Tiefbau 20, S. 155 - 160, 240-244 (In German), 1978

X.3.5 重量探测试验

CEN ISO/TS 22476-10, Geotechnical investigation and testing-Field testing-Part 10: *Weight sounding test*

X.3.6 现场十字板剪切试验

Aas, G.
Vurdering av korttidsstabilitet i leire på basis av udrenert skjaerfasthet.
(Evaluation of short term stability in clays based on undrained shear strength) (in Norwegian);
NGM -79 Helsingfors, 1979;pp. 588-596.
Aas, G., Lacasse, S., Lunne, T. Höeg, K. (1986)
Use of in-situ tests for foundation design on
clay. ASCE Geotechnical Special Publication6.

Danish Geotechnical Institute Bulletin No. 7
Copenhagen:DGI, 1959
Hansbo, S.
A new approach to the determination of the shear strength of clay by the fall-cone test
Stockholm:Royal Swedish Geotechnical Institute, Proc. No. 14, 1957
Larsson, R. , Bergdahl, U. , Erikson, L.
Evaluation of shear strength in cohesive soils with special references to Swedish practice and experience
Linköping:Swedish Geotechnical Institute, Information 3E, 1984
Larsson, R. , Åhnberg, H
The effect of slope crest excavations on the stability of slopes
Linköping:Swedish Geotechnical Institute. Report No 63, 2003
Veiledning for utfφrelse av vingeborr
(*Recommendations for vane boring*) (*in Norwegian*)
Melding No. 4, *Utgitt* 1982, *Rev.* 1
Norwegian Geotechnical Institute, 1989
Recommended Standard for Field Vane Test
SGF Report 2:93E.
Swedish Geotechnical Society, 1993

X.3.7 扁铲侧胀试验

CEN ISO/TS 22476-11, Geotechnical investigation and testing-Field testing-Part 11: *Flat dilatometer test*
Marchetti, S.
In situ test by flat dilatometer
Journal of the Geotechnical Engineering Division, *Proc. ASCE*, *Vol.* 106, *N. GT*3, 1980
pp 299-321.
Marchetti, S. , Monaco, P. , Totani, G. , Calabrese, M.
The flat dilatometer test (DMT) in soil investigations ISSMGE TC16 Report;
Bali:Proc. Insitu, 2001
41 pages

X.3.8 平板载荷试验

BS 1377-9:1990, Methods of test for soils for civil engineering purposes — *Part 9:In situ vertical settlement and strength tests*
Burland, J. B.
Reply todiscussion
Proc. conf. on in situ investigations of soils and rock
London:Inst. Civil Engineers, 1969
pp 62.
Bergdahl U. , Ottosson E. , Malmborg B. S.
Plattgrundläggning (Spread foundations) (in Swedish)
Stockholm:AB Svensk Byggtjänst, 1993
282 pages.

Marsland, A.
Model studies of deep in-situ loading tests in clay.
Civ. Eng. and Pub. Wks. Review, Vol 67, No 792, July 1972
pp. 695,697,698.

X.4 室内试验相关文件

X.4.1 土的分类、鉴定和描述的试验

X.4.1.1 场地勘测

BS 5930:1999, Code of practice for site investigations

X.4.1.2 含水率测定

CEN ISO/TS 17892-1, Geotechnical investigation and testing-Laboratory testing of soil-Part 1: *Determination of water content*

DIN 18 121:1998, Subsoil; *testing procedures and testing equipment, water content, determination by drying in oven*

NF P 94-050:1995, Soils: *Investigation and testing. Determination of moisture content. Oven drying method*

BS 1377-2: 1990, Methods of test for soils for civil engineering purposes-Part 2: *Classification tests*

SN 670 340:1959, *Essais; Teneur en eau / Versuche; Wassergehalt.*

ASTM D2216:1998, Test method for laboratory determination of water (moisture) content of soil, rock, and soil-aggregate mixtures

ASTM D2974:2000, Test methods for moisture, ash, and organic matter of peat and other organic soils

ASTM D4542-95(2001), Test methods for pore water extraction and determination of the soluble salt content of soils by refractometer

SS 0271 16:1989, Geotechnical tests-Water content and degree of saturation

X.4.1.3 体积密度测定

CEN ISO/TS 17892-2, Geotechnical investigation and testing-Laboratory testing of soil-Part 2: *Determination of density of fine soils*

DIN 18 125:1997, Soil, investigation and testing-Determination of density of soil Part 1: *Laboratory tests*

NF P 94-053:1991, Soils. *Investigation and testing. Determination of density of fine soilsCutting curb, mould and water immersion methods. Sols: Reconnaissance et Essais-Détermination de la masse volumique des sols fins en laboratoire-Méthodes de la trousse coupante, du moule et de l' immersion dans l' eau.*

BS 1377-2:1990, Methods of test for soil for civil engineering purposes-Part 2: *Classification tests*

SN 670 335:1960, Versuche; *Raumgewicht; Sandersatz-Methode / Essais; Poids specifique apparent; Methode du sable*

SS 0271 14:1989, Geotechnical tests-Bulk density

X.4.1.4 颗粒密度测定

CEN ISO/TS 17892-3, Geotechnical investigation and testing-Laboratory testing of soil-Part 3: *Determination of density of soil particles*

DIN 18 124:1997 Soil, investigation and testing-Determination of density of solid particles-Capillary pyknometer, wide mouth pyknometer

NF P 94-054:1991, Sols :*Reconnaissance et Essais-Détermination de la masse volumique des particules solides des sols-Méthode du pycnomètre à eau.*

BS 1377-2:1990, Methods of test for soil for civil engineering purposes-Part 2:*Classification tests*

SN 670 335:1960, Versuche;*Raumgewicht*;*Sandersatz-Methode / Essais*;*Poids specifique apparent*;*Methode du sable*

ASTM D854-02, Test Method for Specific Gravity of Soils

ASTM D4404:84 (1998), Determination of pore volume and pore volume distribution of soil and rock by mercury intrusion porosimetry

SS 0271 15:1989, Geotechnical tests-Grain density and specific gravity

X.4.1.5 颗粒粒径分析

CEN ISO/TS 17892-4, Geotechnical investigation and testing-Laboratory testing of soil-Part 4: *Determination of particle size distribution*

DIN 18 123:1996, Soil, investigation and testing-Determination of grain-size distribution

NF P 94-056:1996, Sols :*Reconnaissance et Essais-Analyse granulométrique-Méthode par tamisage à sec après lavage* (*in French*)

XP P 94-041:1995, Sols :*Reconnaissance et Essais Identification granulométrique-Méthode de tamisage par voie humide* (*in French*)

BS 1377-2:1990, Methods of test for soil for civil engineering purposes — Part 2:*Classification tests* Subclause 9.2 Wet sieving method

BS 1377-2:1990, Methods of test for soil for civil engineering purposes — Part 2:*Classification tests*;Subclause 9.5 Sedimentation by the hydrometer method

BS 1377-2:1990, Methods of test for soil for civil engineering purposes — Part 2:*Classification tests*;Subclause 9.4 Sedimentation by pipette method

SN 670 810c:1986, Granulats mineraux et sols;*Analyse granulometrique par tamisage / Mineralische Baustoffe und Lockergesteine*;*Siebanalyse*

SN 670 816:1964, Matériaux pierreux; *Sédimentométrie par la méthode de l' aréomètre / Gesteinsmaterialien*;*Schlämmversuch nach der Araeometermethode*

ASTM D2217-85 (1998), Wet preparation of s samples for particle size analysis and determination of soil constants

ASTM D422-63 (1998), Test method for particle size analysis of soil

SS 0271 23:1992, Geotechnical tests -Particle size distribution-sieving

SS 0271 24:1992, Geotechnical tests -Particle size distribution-sedimentation, hydrometer method

X.4.1.6 稠度(阿太堡)界限测定

CEN ISO/TS 17892-12, Geotechnical investigation and testing-Laboratory testing of soil-Part 12: *Atterberg limits*

DIN 18 122:1997, Soil, investigation and testing Consistency limits Part 1:*Determination of liq-*

uid limit and plastic limit

NF P 94-051:1993, Soils. *Investigation and testing. Determination of Atterberg's limits. Liquid limit test using Casagrande apparatus. Plastic limit test on rolled thread*

NF P94-052-1:1995, Sols:*Reconnaissance et Essais-Détermination des limites d'Atterberg-Partie 1 :Limite de liquidité-Méthode du cône de pénétration*

BS 1377-2:1990, Methods of test for soil for civil engineering purposes — Part 2:*Classification tests*;Clause 4 Determination of the liquid limit

BS 1377-2:1990, Methods of test for soil for civil engineering purposes — Part 2:*Classification tests*;Clause 5 Determination of the plastic limit and plasticity index

SN 670 345:1959, Essais;*Limites de consistance / Versuche*;*Konsistenzgrenzen*

SS 0271 20:1990, Geotechnical tests-Cone liquid limit

SS 0271 21:1990, Geotechnical tests-Plastic limit

X.4.1.7 无黏性土相对密实度测定

BS 1377-4:1990, Methods of test for soil for civil engineering purposes — Part 4:*Compaction related tests*;Clause 4 Determination of maximum and minimum dry densities for granular soils

NF P 94-059:2000, Sols :*Reconnaissance et Essais-Détermination des masses volumiques minimale et maximale des sols non cohérents*

X.4.1.8 土分散性的测定

BS 1377-5:1990, Methods of test for soil for civil engineering purposes — Part 5:*Compressibility, permeability and durability tests*;Clause 6 Determination of dispersibility

X.4.1.9 冻胀敏感性的测定

SN 670 321:1994, Essais sur les sols - Essai de gonflement au gel et essai CBR après dégel / Versuche an Böden - Frosthebungsversuch und CBR-Versuch nach dem Auftauen

BS 1377-5:1990, Methods of test for soil for civil engineering purposes — Part 5:*Compressibility, permeability and durability tests*;Clause 7 Determination of frost heave

X.4.2 土和地下水的化学试验

X.4.2.1 一般规定

BS 1377-3:1990, Methods of test for soil for civil engineering purposes — Part 3:*Chemical and electrochemical tests*

X.4.2.2 有机质含量测定

BS 1377-3:1990, Methods of test for soil for civil engineering purposes — Part 3:*Chemical and electrochemical tests*;Clause 4 Determination of the mass loss on ignition or an equivalent method

ASTM D2974:1987, Test methods for moisture, ash, and organic matter of peat and other organic soils

NF P 94-055:1993, Sols :*Reconnaissance et Essais-Détermination de la teneur pondérale en matières organiques d'un sol-Méthode chimique*

XP P94-047:1998, Sols :*Reconnaissance et Essais-Détermination de la teneur pondérale en matière organique-Méthode par calcination*

SS 0271 05:1990, Geotechnical tests-Organic content-Ignition loss method

SS 0271 07:1990, Geotechnical tests-Organic content-Colorimetric method

X.4.2.3 碳酸盐含量测定

BS 1377-3:1990, Methods of test for soil for civil engineering purposes — Part 3: *Chemical and electrochemical tests*; Clause 6 Determination of the carbonate content

DIN 18129, Soil, investigation and testing - Determination of lime content

Head K. H., Manual of Soil Laboratory Testing. *Vol.* 1: *Soil Classification and Compaction Tests*, 2*nd ed*; *Vol* 1:1992

NF P 94-048: 1996, Sols : *Reconnaissance et Essais-Détermination de la teneur en carbonate-Méthode du calcimètre*

X.4.2.4 硫酸盐含量测定

BS 1377-3:1990, Methods of test for soil for civil engineering purposes — Part 3: *Chemical and electrochemical tests*; Clause 5 Determination of the sulfate content of soil and groundwater

X.4.2.5 pH 值测定(酸碱度)

BS 1377-3:1990, Methods of test for soil for civil engineering purposes — Part 3: *Chemical and electrochemical tests*; Clause 9 Determination of the pH value

X.4.2.6 氯化物含量测定

BS 812-118:1988, Testing aggregates. *Methods for determination of sulfate content* BS 1377-3: 1990, Methods of test for soil for civil engineering purposes — Part 3: *Chemical and electrochemical tests*; Subclauses 7.2, 7.3

X.4.3 土的强度指标试验

X.4.3.1 室内十字板试验

BS 1377-7:1990, Methods of test for soils for civil engineering purposes — Part 7: *Shear strength tests* (*total stress*)

NF P 94-072:1995, Sols : *Reconnaissance et Essais - Essai scissométrique en laboratoire*

X.4.3.2 落锥法

CEN ISO/TS 17892-6, Geotechnical investigation and testing-Laboratory testing of soil-Part 6: *Fall cone test*

SS 02 7125: 1991, Geotechnical test methods. *Undrained shear strength. Fall cone test Cohesive soil*

X.4.4 土的强度试验

X.4.4.1 无限侧压缩试验

CEN ISO/TS 17892-7, Geotechnical investigation and testing-Laboratory testing of soil-Part 7: *Unconfined compression test on fine grained soils*

NF P 94-077:1997, Sols: *Reconnaissance et Essais - Essai de compression uniaxiale*

X.4.4.2 不固结不排水压缩试验

CEN ISO/TS 17892-8, Geotechnical investigation and testing - Laboratory testing of soil - Part 8:*Unconsolidated undrained triaxial test*

NF P 94-070:1994, Sols:*Reconnaissance et Essais - Essais à l'appareil triaxial de révolution - Généralités, définitions.*

NF P 94-074:1994, Sols:*Reconnaissance et Essais - Essai à l'appareil triaxial de révolution - Appareillage - Préparation des éprouvettes - Essais (UU) non consolidé non drainé - Essai ($C_u + u$) consolidé non drainé avec mesure de pression interstitielle - Essai (CD) consolidé drainé.*

X.4.4.3 固结三轴压缩试验

CEN ISO/TS 17892-9, Geotechnical investigation and testing-Laboratory testing of soil-Part 9: *Consolidated triaxial compression tests on water saturated soils*

BS 1377-8:1990, Methods of test for soils for civil engineering purposes — Part 8 Shear strength tests (effective stress)

NF P 94-070:1994, Sols:*Reconnaissance et Essais - Essais à l'appareil triaxial de révolution - Généralités, définitions*

NF P 94-074:1994, Sols :*Reconnaissance et Essais - Essai à l'appareil triaxial de révolution -Appareillage - Préparation des éprouvettes - Essais (UU) non consolidé non drainé - Essai ($C_u + u$) consolidé non drainé avec mesure de pression interstitielle - Essai (CD) consolidé drainé..*

X.4.4.4 固结快剪试验

CEN ISO/TS 17892-10, Geotechnical investigation and testing - Laboratory testing of soil - Part 10:*Direct shear tests*

BS 1377-7:1990, Methods of test for soils for civil engineering purposes — Part 7:*Shear strength tests (total stress)*

ASTM D 3080-98, Test method for direct shear test of soils under consolidated drained conditions

SS027127, Geotechnical tests - shear strength-Direct shear test, CU- and CD- tests-Cohesive soils

NF P94-071-1:1994 Sols :Reconnaissance et Essais - Essai de cisaillement rectiligne à la bo ìte - Partie 1 :Cisaillement direct.

NF P94-071-2:1994, Sols :*Reconnaissance et Essais - Essai de cisaillement rectiligne à la bo ìte - Partie 2 :Cisaillement alterné*

X.4.5 土的压缩及变形试验

CEN ISO/TS 17892-5, Geotechnical investigation and testing - Laboratory testing of soil - Part 5:*Incremental loading oedometer test*

BS 1377-5:1990, Methods of test for soils for civil engineering purposes — Part 5:*Compressibility, permeability and durability tests*

NS 8017:1991, Geotechnical testing-Laboratory methods-Determination of one-dimensional consolidation properties by oedometer testing-Method using incremental loading

ASTM D2435-96, Test method for One-Dimensional Consolidation Properties of Soils

XP P94-090-1:1997, Sols :*Reconnaissance et Essais - Essai œdométrique -Partie 1 :Essai de compressibilité sur matériaux fins quasi saturés avec chargement par paliers*

XP P 94-091: 1995, Sols: *Reconnaissance et Essais - Essai de gonflement à l' œdomètre - Détermination des déformations par chargement de plusieurs éprouvettes*

SS 0271 26:1991, Geotechnical tests-Compression properties-Oedometer test, CRS-test-Cohesive soil

SS 0271 29:1992, Geotechnical tests-Compression properties-Oedometer test, incremental loading-Cohesive soil

X.4.6 土的压实试验

BS 1377-4:1990, Methods of test for soils for civil engineering purposes — Part 4: *Compaction related tests*; Clause 3 Determination of dry density/moisture content relationship

BS 1377-4:1990, Methods of test for soils for civil engineering purposes — Part 4: *Compaction related tests*; Clause 7 Determination of California Bearing Ratio (CBR)

注: ASTM D-698-78, D-1557-78 and AASHTO /99 and T180 might be used for compaction tests and ASTMD1883-94and AASHTOT193 mightbeusedforthe California Bearing Ratio Determination. However, BS 1377: 1990 has minor deviations from the specification in the US recommendations, which are used in most road laboratories.

SS027109, Geotechnical tests-Compaction properties-Laboratory compaction

NF P 94-078:1997, Sols : *Reconnaissance et Essais - Indice CBR après immersion - Indice CBR immédiat - Indice Portant Immédiat - Mesure sur échantillon compacté dans le moule CBR*

NF P 94-093:1999, Sols : *Reconnaissance et Essais - Détermination des références de compactage d'un matériau - Essai Proctor normal - Essai Proctor modifié*

X.4.7 土渗透试验

CEN ISO/TS 17892-11, Geotechnical investigation and testing - Laboratory testing of soil - Part 11: *Permeability test*

BS 1377-5:1990, Methods of test for soils for civil engineering purposes — Part 5: *Compressibility, permeability and durability tests*

DIN 18130-1:1998, Soil. *Investigation and testing. Determination of the coefficient of water permeability. Part 1 Laboratory tests*

ISO/DIS 17313, Soil quality-Determination of hydraulic conductivity of saturated porous materials using flexible wall permeameter. ISO/TC 190/SC 5.

注: ISO/DIS 17313 relates to environmental testing and includes some very strict normative clauses not necessary for normal geotechnicalpurposes.

X.4.8 岩石试样制备

ASTM D4543-01, Preparing Rock Core Specimens and Determining Dimensional and Shape Tolerances

X.4.9 岩石分级试验

X.4.9.1 一般规定

BS 5930:1981, Code of practice for site investigation Section 8 Description and classification of rock for engineering purposes

ISRM Suggested Methods for Rock Characterization, Testing and Monitoring, Part I Site Characterization (1981).

X.4.9.2 含水率测定

ISRM Part 1, Suggested methods for determining water content, porosity, density, absorption and related properties; Section 1 Suggested method for determination of the water content of a rock sample.

X.4.9.3 密度和孔隙率

ISRM Part 1, Suggested methods for determining water content, porosity, density, absorption and related properties; Section 2 Suggested method for porosity/density determination using saturation and calliper techniques

ISRM Part 1, Suggested methods for determining water content, porosity, density, absorption and related properties; Section 3 Suggested method for porosity/density determination using saturation and buoyancy techniques

X.4.10 岩石的膨胀试验

X.4.10.1 零体积变化情况下的膨胀压力指数

ISRM Suggested Methods For Determining Swelling and Slake-Durability Index Properties; Test 1 Suggested Method for Determination of the Swelling Pressure Index of Zero Volume Change

X.4.10.2 轴向过载情况下径向受限试样的膨胀应变指数

ISRM Suggested Methods For Determining Swelling and Slake-Durability Index Properties; Test 2 Suggested Method for Determination of the Swelling Strain Index for a Radially Confined Specimen with Axial Surcharge

X.4.10.3 无侧限岩样中出现的膨胀应变

ISRM Suggested Methods For Determining Swelling and Slake-Durability Index Properties; Test 3 Suggested Method for Determination of the Swelling Strain Developed in an Unconfined Rock Specimen

X.4.11 岩石材料强度试验

X.4.11.1 单轴抗压强度及变形

ISRM Suggested Methods For Determining Unconfined Compressive Strength and Deformability

ASTM D 2938:1991, Standard Test Method for Unconfined Compressive Strength of Intact Rock Core Specimens

X.4.11.2 点荷载试验

ISRM Suggested Method for Determining Point Load Strength;

revised version has been published in International Journal for Rock Mechanics. Min. SCI. & Geomech. Abstr. Vol 22, No. 2, pp.51-60, 1985

X.4.11.3 直剪试验

ISRM Suggested Method for Determining Shear Strength, Part 2: Suggested Method For Laboratory Determination of Direct Shear Strength

X.4.11.4 巴西试验

ISRM Suggested Method for Determining Tensile Strength of Rock Materials, Part 2: Suggested Method for Determining Indirect Tensile Strength by the Brazil Test

X.4.11.5 三轴压缩试验

ISRM Suggested Method for Determining the Strength of Rock Materials in Triaxial Compression

X.5 关于室内试验的相关的图书、论文及其他出版物

Bieniawski, Z. T. (1989)
Engineering Rock Mass Classification
New York: Wiley
251 p.

BRE Paper BR 279 (19--) "Sulfate and acid attack on concrete in the ground: recommended procedures for soil analysis".
Watford, UK: Building Research Establishment

A guide to engineering geological description
DGF Bulletin 1, Rev. 1,
DGF, May 1995

Head, K. H.
Manual of Soil Laboratory Testing. Vol. 1: Soil Classification and Compaction Tests, 2nd ed. London, Pentech Press, 1992

Head, K. H.
Manual of Soil Laboratory Testing. Vol. 2: Permeability, Shear Strength and Compressibility Tests, 2nd ed.
London, Pentech Press, 1994

Head, K. H. (1986)
Manual of Soil Laboratory Testing. Vol. 3: Effective Stress
Tests. London, Pentech Press, 1986

Suggested method for determining point load strength
Min. Sci & Geomech. Abstr. Vol 22, No. 2,
International Journal of Rock Mechanics
ISRM, 1985
pp. 51-60.

Sherard, K. L., Decker, R. S. and Ryker, N. L. (1972)
Piping in Earth Dams of Dispersive Clay Vol. 1, Part1
Proc. ASCE Specialty Conf. on Performance of Earth and Earth-Supported Structures
West Lafayette, Indiana, Purdue University, June1972
pp 589-626

Sherard, K. L., Dunnigan, L. P., Decker, R. S. and Steel, E. F.
Pinhole test for identifying dispersive soil
K. Geotechn. Eng. Div., ASCE. Vol. 102, No. GT1 (January), 1976
pp 69-85

Slunga, E. & Saarelainen, S. (1989)
Determination of frost-susceptibility of soil, A. A. Balkema
Proc. of 12th ICSMFE, Vol. 2. Session 19
Rio de Janairo, 13-18 August 1989.
pp 1465-1468